这厢有礼之

朱子家训

杨中介 张海彤／主编

漓江出版社

主编简介

杨中介

1959年出生于台南，祖籍山东，台湾优质教育协会理事长，大私塾知行学馆讲师。台湾大学经济系毕业后，一直从事媒体交流及出版活动，曾任台湾《世界地理杂志》总编辑。2004年开始涉足教育领域，任台北市政府教育简介制作人。此后数年，分别在清华大学、北京语言大学、台北“中华语文研习所”担任职务，负责汉语远程教学合作，在全国各地主讲上百场大型教育讲座。其间参与主编台湾远足出版社《一看就懂丛书》、北京教育出版社《天才少年成长丛书》。2012年获台湾出版金鼎奖两项提名。

张海彤

1990年毕业于首都师范大学中文系，文学学士。大私塾知行学馆董事合伙人。从事媒体工作多年，是2009年新中国成立60周年《盛世长安图》、2010年《世博胜景图》策划、宣传核心成员。曾著有《百家姓探源》，2006年创作长篇纪实小说《花开，不败》，漓江出版社2014年再版。历经劫波，终于无法抵御教育的魅力，2010年开始策划并组织编写《大私塾教养阶进丛书》，后续将开展国学课程开发及本丛书多版权形式的各项合作。

大私塾教养阶进丛书编辑委员会

本丛书分六系列，共计 18 册：

《汉字之美》：（分三册，共 1012 个常用字）

《书法三十六课》：（分三册，递进式学习书法）

《这厢有礼》：（三字经、弟子规、朱子家训）

《诸子百家》：（成语故事、寓言故事、智慧故事）

《诗情画意》：（分三册，递进式赏读古诗词）

《以史为鉴》：（百家姓、五字鉴、史记故事）

各分册主编：

《汉字之美》： 姚志红　吴京鸣　张海彤

《书法三十六课》： 项　宇　吴京鸣　杨　军

《这厢有礼》： 杨中介　张海彤

《诸子百家》： 杨中介　牛亚君　杨　宁　任文博

《诗情画意》： 陈冰梅　杨海健　张克宏　康晏如　陈　翔

《以史为鉴》： 牛亚君　王宇红　张安琪　吴　晓

参加编写的还有彭明俊（《汉字之美》）、周杰（《这厢有礼》）、赵宜婉（《这厢有礼》），一并感谢。

感谢孙左满先生为《这厢有礼之弟子规》提供插画。

“阐扬国故、复兴国学”才刚起步

《大私塾教养阶进丛书》的编辑及出版计划，始于2009年。当时，张海彤女士跟我谈到想编一套适用于少年儿童学习的国学教材。我当时也泛览过一些市面上的各种国学读本，总觉得一上来就是整套的《三字经》《千家诗》《增广贤文》等等，其实对于小孩子学习来说，未必有效。我想除了极少数特别聪明，而且对中国传统文化特别有兴趣的小孩子以外，大多数小孩子照这样子学所谓国学，很可能从一开始就要“逃之夭夭”了。今人每妄言无忌：古文字学者说自己从四五岁时就随父师习《说文解字》；文学家则说自己是自幼过目成诵、下笔千言不能自已；经学家会说自己不但能背四书五经，而且能背注疏；讲学家则说自己从小入私塾，熟读经史百家等，这些当然都是一些市场营销的手段，与事实相去甚远。

其实古人学文史，也不是这样整本整套的死记硬背，而是各随自己的兴趣，并且是循序渐进地一点一点开始的。远的不说，看清人自撰的年谱就会发现，很多大学者也都是五六岁开始识字，一点儿不比我们早；七八岁开始读一些唐诗宋词，开始学习四书，那是要应付将来的科举考试，挣个文凭出身；再大一些学些古文名篇，十四五岁时才真正开始读《诗经》《易经》“三礼”“春秋三传”等。其实这些读书的步骤与少儿的心智发展都是相对应的。再往近里说，饶宗颐、钱锺书先生堪称大师级的了，他们也的确早慧而有过人之能：饶先生18岁时已经接续其父完成了《潮州艺文志》；钱锺书先生也在不到20岁的时候，替自己的父亲钱基博教授捉刀，为钱穆的《国学概论》作序。这些当代的国学大

师级的学者固然聪明过人，但也都是绩学所致，也都没有当今热衷于营销的名家们那样“早慧”和“颖异”。

所以，当海彤说起编一套少儿国学教材时，我倒是想到可以试着按照前人的读书次序编一套分门别类、循序渐进的国学教材。小孩子们可以根据自己的兴趣所在，由浅到深、从易到难地修习国学的精华。

现在好像整个社会都有一种国学复兴的架势，盛况空前。但其盛只是盛在人数众多、声势唬人上，真正要如章太炎先生说的“阐扬国故，复兴国学”，以及胡适先生所提倡的用科学的方法“整理国故之学”，还有相当长的路要走。

即以国学的基本教育而言，目前海内外国学院之成立如雨后春笋，却鲜有一套自小学至高中的国学教材，供老师教学、父母教子女之用。容或有这种教材，也是不做公开发行的内部参阅本，得益者甚寡。这套丛书的出版或可弥补这一缺憾。

陳致

香港浸会大学文学院院长

饶宗颐国学院院长

让经典入住心灵，从容面对未来

《易传》云：“蒙以养正，圣功也。”启蒙教育是造就个人纯正品质的关键，关系到个人能否顺利成长，长成什么样，所以，它是最为神圣的事。高度重视蒙学，是中国文化的精髓之一。

启蒙教育是很专业的事，不能要求每一位家长和幼教老师都是专家，所以，蒙学教材就变得非常重要。明代哲学家王守仁指出，对儿童的教育不应只限于知识，还应引导其行为；既要适应儿童的天性，也要用“善”和“礼”来约束他。也就是说，好的蒙学教材，一要知行并重，二要生动活泼。这是个简单的道理，却是个极高的标准，能真正做到、做得好，并不容易。

经过历史汰择而流传至今的古典蒙学读物，是传统文化馈赠给我们的瑰宝。让孩子学习《弟子规》之类的蒙学教材，可以接受正宗的儒家教育，养成方正的人格。而蕴含于诸子、史书中的思想和智慧，能体现古典修养的诗书画，都是民族文化的精华。学习这些古典知识和艺术，除了完善自己的素质之外，还能感受古人之情怀，在骨子里留下一缕典雅醇正的古典气质。对孩子来说，从古典文化启蒙，必将终身受益。

《三字经》《弟子规》《百家姓》等是公认的优秀蒙学读物，但时过境迁，一则语言难懂，二则内容不尽合于时宜，三则需要启发示例，这就都需要对这些传统蒙书进行再加工，

使之体现现代意义上的知行并重和生动活泼；其他历史故事或文学艺术启蒙教材，也要按照这两个标准编写，使之能够同时切合于古典的内容和现代教育。这些都是很难的事。

大私塾知行学馆的专家们，有强烈的文化使命感和爱心，也有很好的专业素质和蒙学经验，在他们和出版社的共同努力下，这套教材无论在内容，还是在形式上，都有上佳的呈现，非常实用。值得一提的是，这套教材的设计，还体现了大私塾亲子教育的理念。亲子教育，适应孩子的心智和情感，同时也能使父母有所感悟，并通过自己对古典文化和行为准则的思考，帮助孩子提升。父母和子女在启蒙教育中共同成长，这对两代人来说，都是弥足珍贵的人生体验。

学校传授的现代知识，可以帮助孩子很好地应对现代社会。但在漫长的人生旅程中，大部分时间要面对的是自己、家人，要面对的是习俗、传统等各种文化情境，所以，传统文化和古典修养，对于每一个中国人来说，是不可或缺的。相信通过这套丛书，能让孩子们在传统文化中受到启迪，获得裨益，让古典精神和知识在自己的心灵中成长为一股力量，从容地面向无限可能的未来。

过常宝

北京师范大学文学院院长

人文素养与积学储宝

人文素养，是沟通交际的软实力。创意表达，是突破困境的万灵丹。两者的交集，就在阅读生发的能量。素养，靠日复一日的积累；表达，赖精确有效的运用。表达需要创意，才见精彩；创意仰赖文化，才能茁壮。好比储蓄与提款，想如愿地投资理财，必先储存可观的资金；又像数据库的建构与使用，如果存量不够丰富而多元，那就不能左右逢源，心想而事成。人文素养的积累和表达能力的创新，道理是一样的。其中，文化因素是之间的触媒。

“博观而约取，厚积而薄发”，是大文学家苏东坡温馨而具有智慧的提示。在苏东坡生长的北宋时代，除传统写本外，又多了印本图书。面对知识爆炸，阅读将如何抉择？东坡于是有如上述的建言。如今我们面对的知识传播，其复杂与快速，自非古人所能想象。不过，现代人每天看的报章、杂志、计算机、网络，有很多属于信息、消息，不等于知识或学问。再博观、再厚积，值得储存的知识能量毕竟有限。如何善用琳琅满目的信息，转化为所向无敌的创意，积淀为可大可久的人文素养，那肯定是另一个话题。

中华传统文化，源远流长，经过时间长河的淘洗，淬炼为优质可贵的文化遗产，体现为传世不朽的经典图书。这些图书，大部分提供给大人阅读；有一些书，适合少年儿童朗

读。其中价值无限，值得永久典藏者不少。古人说“开卷有益”，又说“转益多师”，强调阅读的行动和质量，可作为座右铭。有鉴于苏东坡“博观厚积”的指引，《易经》蒙卦“匪我求童蒙，童蒙求我”之启示，一群志同道合的朋友，同心协力，成就《大私塾教养阶进丛书》用专家的材料，写出通俗的文字，作为亲子间的知识飨宴。学童经由年年岁岁的积累，春风化雨般的熏陶，对于文化精华的蕴藏自然丰厚，将来长大成人，无论约取或薄发，多可以如鱼得水，无入而不自得。所谓“书到用时方恨少”，未雨绸缪，及早储备，方是良策。

这部亲子读物，古人叫作童蒙书。就属性来说，大抵经、史、子、集都有。分享圣贤之智慧，传承人生之经验，是各书的共同特色。至于提供历史教训、处世哲学，展现人文关怀、应对诀窍，更所在多有。本丛书尤其注重实作演练，有关艺术陶冶与创意发想，于家教启蒙中，已逐渐奠定利基。这部童蒙经典，大抵皆为优质文化遗产的结晶，《易经》大畜卦称“君子以多识前言往行，以畜其德”，是指多接触古书，了解历史文化，所谓积学可以储宝。台湾师大鲁实先教授曾言：“人天生的智慧很难改变，但聪明可以学习。熟读历史，可以使人聪明！”传统文化，就是过去历史的精华，先贤用心良苦，编成《三

字经》《弟子规》《五字鉴》《朱子家训》等童蒙书，认为教育应从幼童开始。用心诵读积累，当有助于将来的约取薄发。人文素养沉潜认知既深，更有助于应付世变，驾驭世变，促使创意发想成为无限可能。

阅读之于思想和素养，好比音乐之于心灵，甘霖之于沙漠，河海之于舟船。给人滋润，给人能量，给人激励，给人启发，给人反思；同时又能令人陶醉，令人感动，令人鼓舞，令人充实。至于开发潜能，升华认知，促成创意发想，更是阅读活动的必然结局和成效。心理学家说：从接收到反应，阅读很容易生发感染的气氛，形成同群效应。阅读，号称文明之声。知识飨宴的场景，是温馨美好的亲子活动图。期待这种风景，能够天天在家庭完美上演。

朱熹是位知名的理学家、大学者，读了很多书，也写了很多书。他曾作一首诗，推崇知识的惊人能量：

昨夜江边春水生，艨艟巨舰一毛轻。
向来枉费推移力，此日中流自在行。

阅读可以获取知识，知识等同能量；拥有无限的能量，人生就可以“自在行”。

愿共勉之，是为序。

張高評

台湾成功大学中文系教授

2015年8月15日

中国社会发展至今，越来越多的父母意识到，丢掉自己的传统是多么的得不偿失，其实文化本来就没有孰优孰劣，你属于哪儿，你的文化属性就是哪儿的。中国文化传承数千年，我们不该妄自尊大，更不必妄自菲薄，所以，让孩子们接受中国传统文化的启蒙和熏陶，是中国人应该有的文化自信。

面对这个纷纷扰扰的世界，向几千年前的先祖寻求智慧，成了大家的共识。从孔子到朱熹，再到民国时期，无数大家为孩子们编写了童蒙教材。我们从古代众多的幼儿启蒙教材中选取《弟子规》《三字经》《朱子家训》三册，组成《这厢有礼》系列，我们结合现实重新编写，用讲故事的方式，让家长与孩子共同学习，真正领会典籍中深厚的思想底蕴和实用的人生哲理。我们希望，通过学习先贤智慧，来解决当下的问题。

那么，这本书应该怎么读呢？

《三字经》是古代儿童懂礼识字的入门经典，是宋朝学者王应麟写的韵文教材，三字一句，四句一组，有如打油诗，可以像唱儿歌一样的轻松背诵。《三字经》教育儿童首先要完成品格和德行的培养，然后才学习文化知识与技能。这是一本充满儒家思想的读物。

典籍原文

有注音和注释，小朋友可以先不看译文，根据注释，在空白处写下你对整句话的理解。

思考和回答

看了右边的故事，再看看这些问题，或者你再提出一些问题，然后试着回答一下。书中空白处都可以写字哦。

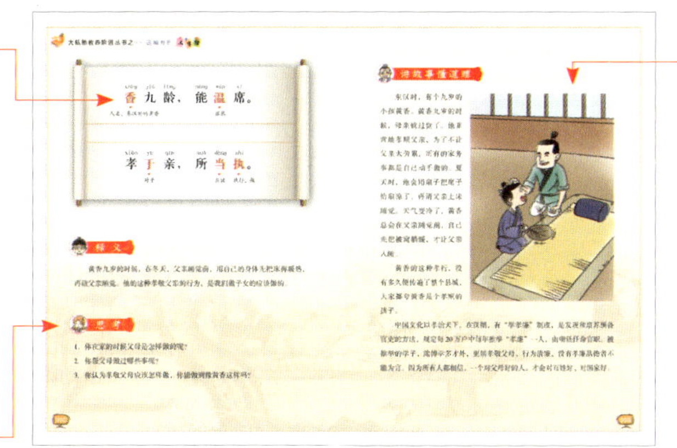

与原文相关的故事

请爸爸妈妈读给小朋友听，然后跟小朋友一起讨论一下，这个故事告诉了你什么道理，问问自己，换作是你，你会怎么做呢？

《弟子规》原名《训蒙文》，据考证为清朝康熙年间秀才李毓秀所作，内容采用《论语》“学而篇”的内容，教导孩子生活起居、待人接物与学习上应该恪守的行为规范，是孩童接受中国传统文化与伦理道德教育，养成良好生活习惯的最佳读物。

典籍原文

方式与三字经相同，小朋友还是可以先不看译文，根据注释，在空白处写下你对整句话的理解。

然后看一看下面的“应该怎么做”，想想自己应该怎么做？

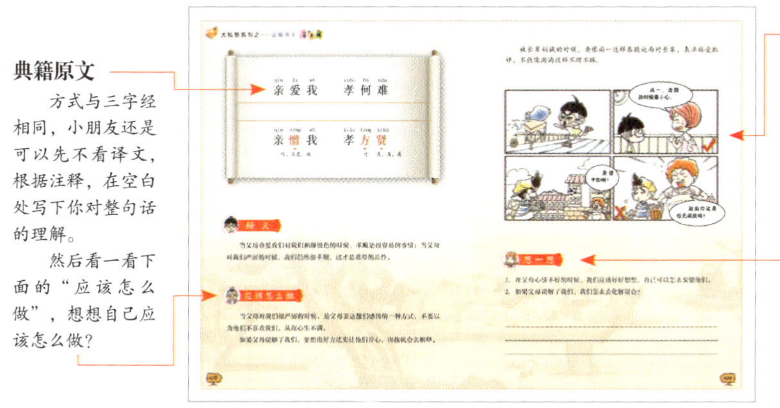

漫画故事

没有爸爸妈妈的讲解，小朋友也可以看得懂，但是你可以跟爸爸妈妈讨论一下，或者跟小伙伴一起表演一下，好不好？

思考与回答

如果你会写字，小朋友可以在这里写下你对这段文字或者故事的理解。

《朱子家训》包括三部典籍、两位作者，一位作者是宋朝的大学者、思想家、政治家朱熹，他是最早定义启蒙教育的教育家，他所作的《朱子家训》和《童蒙须知》从宋朝开始，就成为蒙学启蒙的必读教材；另一位作者是明末清初理学家朱用纯（字致一，号柏庐），他所作的《朱子家训》又称《朱子治家格言》，其中如“一粥一饭，当思来处不易”“宜未雨而绸缪，毋临渴而掘井”等，已成为大众熟知的处世格言。

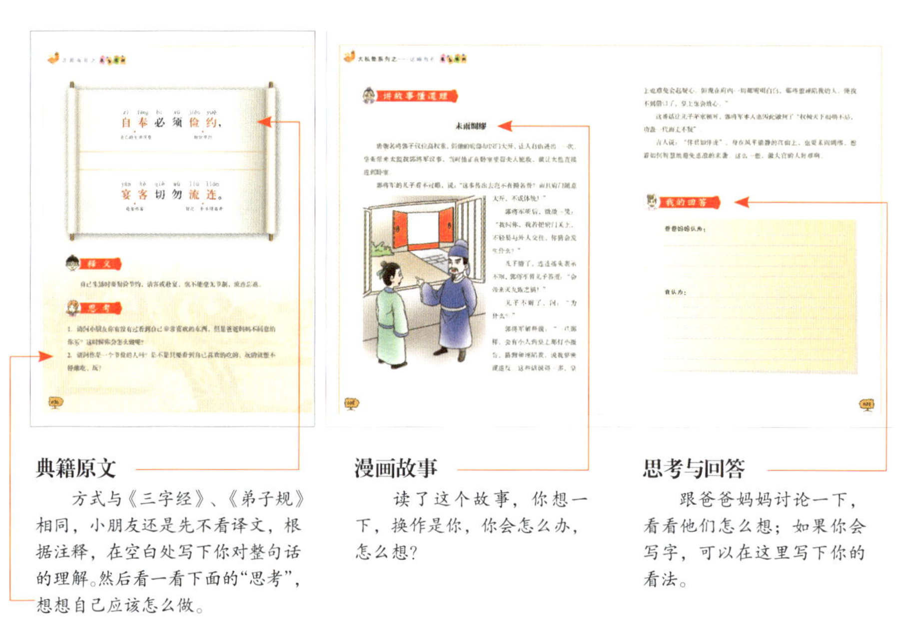

这套书结合当下生活实例，通过充满童趣的漫画，将古代蒙学经典与现实相结合，不但有助于孩子识字量的积累及语文能力的掌握，还可以让孩子知书达理，并体会中国传统文化的精髓。希望孩子们通过阅读这套书，能够走近圣贤，亲近传统，用先哲的智慧解决当下的问题，让传统文化与自身素质相融，为我所用，为今所用。这才是我们学习传统经典的现实意义，这也正是这套书有价值的地方。

目录

夫童蒙之学，始于衣服冠履，次及言语步趋，次及洒扫涓洁，次及读书写文字。及有杂细事宜，皆所当知。今逐目条列，名曰《童蒙须知》。

若其修身、治心、事亲、接物，与夫穷理尽性之要，自有圣贤典训，昭然可考，当次第晓达，兹不复详著云。

蒙养从入之门，则必自易知而易从者始，故朱子既尝编次《小学》，尤择其切于日用，便于耳提面命者，著为《童蒙须知》，使其由是而循循焉。

凡一物一则，一事一宜，虽至织至悉，皆以闲其放心，养其德性，为异日进修上达之阶，即此而在矣。

吾愿为父兄者，毋视为易知，而教之不严；为子弟者，更毋忽以不足知，而听之藐藐也。

大抵为人，先要身体端整，自冠巾、衣服、鞋袜，皆须收拾爱护，常令洁净整齐。我先人常训子弟云：“男子有三紧，谓头紧、腰紧、脚紧。”头，谓头巾，未冠者，总髻；腰，谓以绦或带束腰；脚，谓鞋袜。此三者，要紧束，不可宽慢；宽慢则身体放肆、不端严，为人所轻贱矣。

凡著衣服，必先提整衿领，结两衽，纽带不可令有阙落。饮食照管，勿令污坏；行路看顾。勿令泥渍。

凡脱衣服，必齐整折叠箱箧中，勿散乱顿放，则不为尘埃杂秽所污。仍易于寻取，不致散失。着衣既久，则不免垢腻，须要勤勤洗浣，破绽则补缀之，尽补缀无害，只要完洁。

凡盥面，必以巾帨遮护衣领，卷束两袖，勿令有所湿。凡就劳役，必去上笼衣服，只着短便，爱护勿使损污。凡日中所着衣服，夜卧必更，则不藏蚤虱，不即敝坏。苟能如此，则不但威仪可法，又可不费衣服。晏子一狐裘三十年，虽意在以俭化俗，亦其爱惜有道也。此最饬身之要，毋忽。

凡为人子弟，须是常低声下气，语言详缓，不可高言喧哄，浮言戏笑。父兄长上有所教督，但当低首听受，不可妄自议论。长上检责，或有过误，不可便自分解，姑且隐默。久却徐徐细意条陈，云此事恐是如此，向者当是偶尔遗忘；或曰，当是偶尔思省未至。若尔，则无伤忤，事理自明。至于朋友分上，亦当如此。

凡闻人所为不善，下至婢仆违过，宜且包藏，不应便尔声言，当相告语，使其知改。

凡行步趋跄，须是端正，不可疾走跳踯。若父母长上有所唤召，却当疾走而前，不可舒缓。

138　洒扫涓洁第三

凡为人子弟，当洒扫居处之地，拂拭几案，当令洁净。文字笔砚，凡百器用，皆当严肃整齐，顿放有常处，取用既毕，复置元所。父兄长上坐起处，文字纸札之属，或有散乱，当加意整齐，不可辄自取用。凡借人文字，皆置簿钞录主名，及时取还。窗壁、几案、文字间，不可书字。前辈云："坏笔污墨，瘝子弟职；书几书砚，自黥其面。"此为最不雅洁，切宜深戒。

142　读书写文字第四

凡读书，须整顿几案，令洁净端正。将书册整齐顿放，正身体对书册，详缓看字。仔细分明。读之，须要读得字字响亮，不可误一字，不可少一字，不可多一字，不可倒一字，不可牵强暗记，只是要多诵遍数，自然上口，久远不忘。古人云："读书千遍，其义自见。"谓熟读，则不待解说，自晓其义也。

余尝谓读书有"三到"，谓心到、眼到、口到。心不在此，则眼不看仔细，心眼既不专一，却只漫浪诵读，决不能记，记亦不能久也。三到之法，心到最急，心既到矣，眼口岂不到乎？

凡书册，须要爱护，不可损污皱折。济阳江禄，书读未完，虽有急速，必待掩束整齐，然后起。此最为可法。

凡写文字，须高执墨锭，端正研磨，勿使墨汁污手。高执笔，双钩，端楷书字，不得令手揩著豪。

凡写字，未问写得工拙如何，且要一笔一画，严正分明，不可潦草。

凡写文字，须要仔细看本，不可差讹。

目录

凡子弟，须要早起晏眠。

凡喧哄争斗之处，不可近，无益之事，不可为，谓如赌博、笼养、打球、踢球、放风禽等事。

凡饮食，有则食之，无则不可思索。但粥饭充饥，不可缺。

凡向火，勿迫近火旁，不惟举止不佳，且防焚爇衣服。

凡相揖，必折腰。

凡对父母长上朋友，必称名。

凡称呼长上，不可以字，必云某丈。如弟行者，则云某姓某丈。

凡出外，及归，必于长上前作揖，虽暂出，亦然。

凡饮食于长上之前，必轻嚼缓咽，不可闻饮食之声。

凡饮食之物，勿争较多少美恶。

凡侍长者之侧，必正立拱手，有所问，则必诚实对，言不可妄。

凡开门揭帘，须徐徐轻手，不可令震惊声响。

凡众坐，必敛身，勿广占坐席。

凡侍长上出行，必居路之右，住，必居左。

凡饮酒，不可令至醉。

凡如厕，必去外衣，下，必盥手。

凡夜行，必以灯烛，无烛，则止。

凡待婢仆，必端严，勿得与之嬉笑。执器皿，必端严，唯恐有失。

凡危险，不可近。

凡道路遇长者，必正立拱手，疾趋而揖。

凡夜卧，必用枕，勿以寝衣覆首。

凡饮食，举匙，必置箸；举箸，必置匙。食已，则置匙箸于案。

杂细事宜，品目甚多。姑举其略，然大概具矣，凡此五篇，若能遵守不违，自不失为谨愿之士，必又能读圣贤之书，恢大此心，进德修业，入于大贤君子之域，无不可者。汝曹宜勉之。

朱熹的《朱子家训》

真正的《朱子家训》其实是出自南宋理学大家朱熹。当时，社会动荡，外族入侵，封建统治的腐朽，致使纲常破坏，礼教废弛，官场贪风日盛，道德沦丧，人们精神空虚，理想失落。为了稳定国家秩序，加强家庭和社会的凝聚力，拯救社稷，拯救国家，朱熹以弘扬理学为已任，奉行“格物致知、实践居敬”的教育理念，力求重整伦理纲常、道德规范，重建价值理想、精神家园，写出了这部《朱子家训》。

朱熹的《朱子家训》是写给子孙的治家原则，他还专门写了一篇读物《童蒙须知》，（本书 P118）对儿童的生活起居、学习、道德行为、礼节等均做了详细规定。这么看来，朱熹应该是最早的启蒙教育家之一了。

下面这 20 句话，便是原载于《紫阳朱氏宗谱》的原版《朱子家训》。

君之所贵者，仁也。臣之所贵者，忠也。
父之所贵者，慈也。子之所贵者，孝也。
兄之所贵者，友也。弟之所贵者，恭也。

夫之所贵者，和也。妇之所贵者，柔也。

事师长贵乎礼也，交朋友贵乎信也。

见老者，敬之；见幼者，爱之。

有德者，年虽下于我，我必尊之；不肖者，年虽高于我，我必远之。

慎勿谈人之短，切莫矜己之长。

仇者以义解之，怨者以直报之，随所遇而安之。

人有小过，含容而忍之；人有大过，以理而谕之。

勿以善小而不为，勿以恶小而为之。

人有恶，则掩之；人有善，则扬之。

处世无私仇，治家无私法。

勿损人而利己，勿妒贤而嫉能。

勿称忿而报横逆，勿非礼而害物命。

见不义之财勿取，遇合理之事则从。

诗书不可不读，礼义不可不知。

子孙不可不教，童仆不可不恤。

斯文不可不敬，患难不可不扶。

守我之分者，礼也；听我之命者，天也。

人能如是，天必相之。此乃日用常行之道，若衣服之于身体，饮食之于口腹，不可一日无也，可不慎哉！（录自《紫阳朱氏宗谱》）

广为流传的《朱子家训》

——朱柏庐《朱子治家格言》

主编简介

杨中介

1959年出生于台南，祖籍山东，台湾优质教育协会理事长，大私塾知行学馆讲师。台湾大学经济系毕业后，一直从事媒体交流及出版活动，曾任台湾《世界地理杂志》总编辑。2004年开始涉足教育领域，任台北市政府教育简介制作人。此后数年，分别在清华大学、北京语言大学、台北“中华语文研习所”担任职务，负责汉语远程教学合作，在全国各地主讲上百场大型教育讲座。其间参与主编台湾远足出版社《一看就懂丛书》、北京教育出版社《天才少年成长丛书》。2012年获台湾出版金鼎奖两项提名。

张海彤

1990年毕业于首都师范大学中文系，文学学士。大私塾知行学馆董事合伙人。从事媒体工作多年，是2009年新中国成立60周年《盛世长安图》、2010年《世博胜景图》策划、宣传核心成员。曾著有《百家姓探源》，2006年创作长篇纪实小说《花开，不败》，漓江出版社2014年再版。历经劫波，终于无法抵御教育的魅力，2010年开始策划并组织编写《大私塾教养阶进丛书》，后续将开展国学课程开发及本丛书多版权形式的各项合作。

这厢有礼之

朱子家训

杨中介 张海彤/主编

漓江出版社

明末清初的理学家、教育家朱柏庐，名用纯，字致一，江苏昆山人。他敬仰晋人王褒，取庐墓攀柏的意思，故号柏庐。他的父亲抗击清军时遇难，使他决心像父亲那样坚守民族气节，决不屈膝事敌，不与官吏豪绅应酬。号称“吴中三高士”之一的朱柏庐潜心治学，一生教授乡里。他深感当时的教育方法，使学生难得学到真正的学问，就亲自编教材，用于提倡知行并进，躬行实践。他临终前嘱咐弟子：“学问在性命，事业在忠孝。”

他所著《朱子治家格言》讲述道法修养，行为准则，劝人勤俭治家，安分守己。几百年来广为传颂，渐渐地就被人们称为“朱子家训”了。

相比朱熹的《朱子家训》，朱柏庐的《朱子家训》更加通俗易懂，因而也流传更广。

lí míng jí qǐ
黎明即起，
（黎明：天刚亮的时候）

sǎ sǎo tíng chú
洒扫庭除，
（庭：厅堂；除：台阶）

yào nèi wài zhěng jié
要内外整洁；

释义

太阳将要升起的时候就要起床，清扫庭院，要把屋内屋外打扫得整洁干净。

思考

1. 请问你有没有早睡早起的习惯呢？

2. 妈妈说“家庭任务，人人有责”，爸爸说“家庭任务，太太有责”。请问谁说的对、谁说的不对，为什么？

释 义

太阳下山后就可以休息了，把门窗都关好，一定要亲自检查一遍。

思 考

1. 小朋友休息的时候，自己会检查门窗是否关好了吗？

2. 请你想一想，如果睡觉之前没有仔细检查门窗是否关好，有可能会发生什么呢？

夜分五更

我国古代把夜晚分成五个时辰，每个时辰被称为“更”。用鼓打更（gēng）报时，所以叫作五更或五鼓。一夜即为“五更”，每“更”为现在的两个小时。比如我们常说的“半夜三更”，就是指午夜时分。俗话说：“一更人，二更锣，三更鬼，四更贼，五更鸡。”

一更夜从黄昏始，是19点至21点，在戌时，称“黄昏”，又名“日夕、日暮、日晚”等。此时太阳已经落山，天将黑未黑。天地昏黄，万物朦胧，故称黄昏。这个时候，人还在活动着。

二更定昏人不静，是21点至23点，在亥时，名“人定”，又名“定昏”。此时夜色已深，人们也已经停止活动，人定也就是人静，按照养生专家的说法，这时都该洗洗睡啦。

三更是23点至次日凌晨1点，在子时，名“夜半”，又名“子夜”。这是十二时辰的第一个时辰，夜色最深重，这时黑暗足以吞噬一切。

四更为凌晨1点至3点，在丑时，名“鸡鸣”，又名“荒鸡”。四更仍然属于黑夜，且是人睡得最沉的时候，于是在这伸手不见五指的夜里，就有贼人出没了。所以四更是“鸡鸣狗盗”之时。

五更为凌晨3点至5点，在寅时，称“平旦”，又称“黎明”“早晨”等，是夜与日交替之际。这个时候，鸡仍在打鸣，而人们也逐渐从睡梦中清醒，开始迎接新的一天。

夜间名称	时辰	五更（鼓）	五夜	现代时间
黄昏	戌时	一更（鼓）	甲夜	19—21点
人定	亥时	二更（鼓）	乙夜	21—23点
夜半	子时	三更（鼓）	丙夜	23—1点
鸡鸣	丑时	四更（鼓）	丁夜	1—3点
平旦	寅时	五更（鼓）	戊夜	3—5点

我的回答

爸爸妈妈认为：

我认为：

yì zhōu yí fàn dāng sī lái chù bú yì
一粥一饭，当思来处不易；

思：考虑

bàn sī bàn lǚ héng niàn wù lì wéi jiān
半丝半缕，恒念物力维艰。

恒：常常、时常　念：念着、想着

释义

一碗粥一碗饭，我们都应当考虑它是来之不易的；衣服布料的半根丝半缕线，我们也要时时顾念它们在生产时都是很困难的。

思考

1. 请问小朋友有没有挑食和剩饭的习惯呢？你认为这样的习惯好不好？
2. 有没有小朋友觉得家人给你买的衣服不好看，就不要了、不穿了，这样做对不对？

释义

在没有下雨的时候，就提前把屋顶、门窗修补好；也不要等到渴的时候再去挖井（解渴）。

思考

1. 想一想你有没有坚持过什么好的习惯，在关键时刻给你带来很大的帮助？
2. 请问你做事之前有没有周全地思考过？

讲故事懂道理

浪费粮食遭天谴

很久很久以前，一个大财主家财万贯，金银珠宝应有尽有，怎么用也用不完；他们家每天每餐饭菜做很多，吃不完就倒到泔水缸里。久而久之，被灶王爷告到玉皇大帝那里。玉帝一听非常吃惊，就下令天兵天将在第二天的午时三刻，下凡到这财主家做实地调查，如果情况属实，一定严惩不贷。

仁慈的观音菩萨听到这个消息，想给这家人一个改过的机会，当晚就托梦给这财主家的儿媳妇，要她把倒在泔水缸里的饭菜捞起来吃干净，不然她和她的家要遭灭顶之灾。这个儿媳妇一下子惊醒了，想起平常生活中自己的奢侈行为，她立即起床把泔水缸里的饭菜捞得一干二净，并把这些饭菜

用清水一遍一遍洗干净，然后用油炒了让全家人连夜吃掉。

第二天午时三刻，晴朗的天气突然风雨大作、电闪雷鸣，天兵天将来到她家厨房，在泔水缸里连续捞了三次，也没捞着一粒米，只好回天庭向玉皇大帝复命。有了这一次的教训，从此这家人勤俭持家，再不敢浪费一粒粮食。

我的回答

爸爸妈妈认为：

我认为：

讲故事懂道理

未雨绸缪

唐朝名将郭子仪位高权重，但他的府邸却四门大开，让人自由进出。一次，皇帝派来太监找郭将军议事，当时他正在卧室里帮夫人梳妆，就让太监直接进到卧室。

郭将军的儿子看不过眼，说：“这事传出去岂不有损名誉？而且府门随意大开，不成体统！”

郭将军听后，微微一笑：“我问你，我若把府门关上，不轻易与外人交往，你猜会发生什么？”

儿子懵了，连连摇头表示不知，郭将军替儿子答道：“会带来灭九族之祸！”

儿子不解了，问：“为什么？”

郭将军解释说：“一旦那样，会有小人到皇上那打小报告，猜测和诬陷我，说我要密谋造反。这些话说得一多，皇上也难免会起疑心。但现在府内一切都明明白白，那些想诬陷我的人，便找不到借口了，皇上也会放心。”

这番话让儿子茅塞顿开，郭将军本人也因此做到了“权倾天下而朝不忌，功盖一代而主不疑”。

古人说：“伴君如伴虎”，身在风平浪静的江面上，也要未雨绸缪，想着如何智慧地避免恶浪的来袭。这么一想，做大官的人好难啊。

我的回答

爸爸妈妈认为：

我认为：

zì fèng bì xū jiǎn yuē
自奉必须俭约，

自奉：自己的生活消费
俭约：勤俭节约

yàn kè qiè wù liú lián
宴客切勿流连。

宴客：赴宴作客
流连：留恋、舍不得离开

释义

自己生活时要勤俭节约，请客或赴宴，也不能毫无节制，流连忘返。

1. 请问小朋友你有没有过看到自己非常喜欢的东西，但是爸爸妈妈不同意给你买？这时候你会怎么做呢？

2. 请问你是一个节俭的人吗？是不是只要看到自己喜欢的吃的、玩的就想不停地吃、玩？

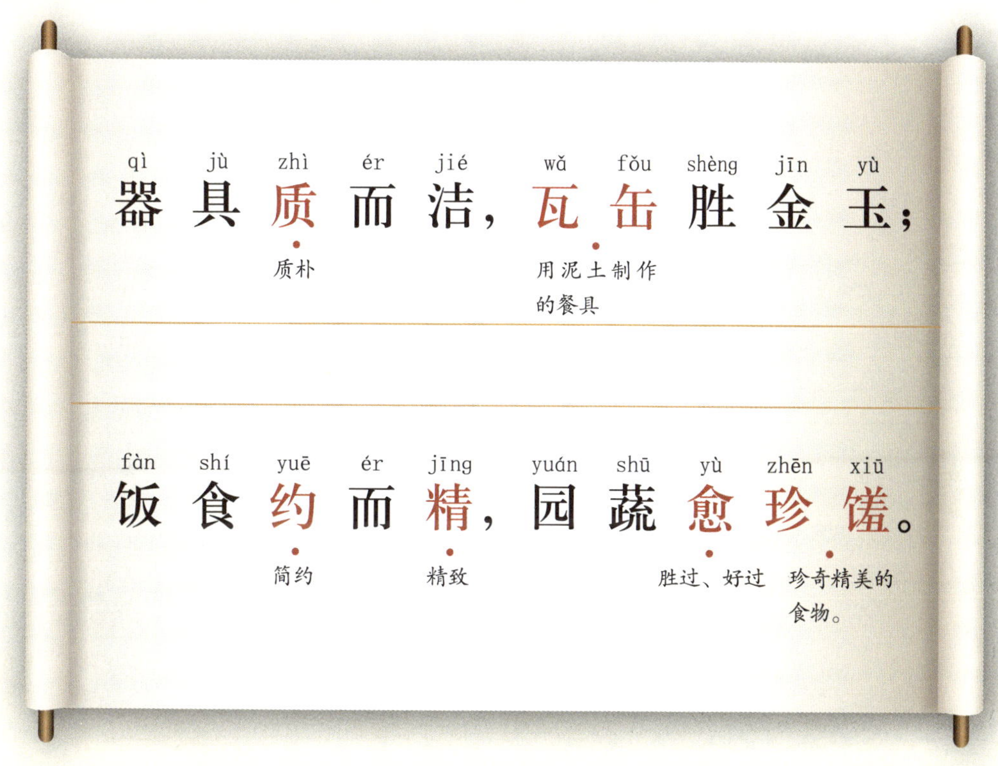

释义

餐具质朴并且干净，即使是用瓦做的也胜过金玉做的，饭菜量少并且精致，即使是普通的蔬菜也比山珍海味好吃。

思考

1. 请问小朋友吃饭有挑食的习惯吗？这样做好吗？应该怎样做？
2. 请问小朋友在学校有没有相互攀比？这样做好不好？

wù yíng huá wū
勿营华屋，

勿：不要　营：营造、建造

wù móu liáng tián
勿谋良田。

谋：谋取

释义

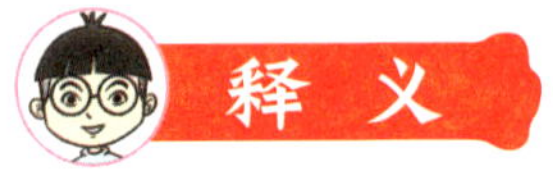

不要建造华丽的房屋，不要购买良好的田地。

思考

1. 请问你见过茅草房吗？住过吗？
2. 请问你喜欢住在什么样的房子里？为什么？

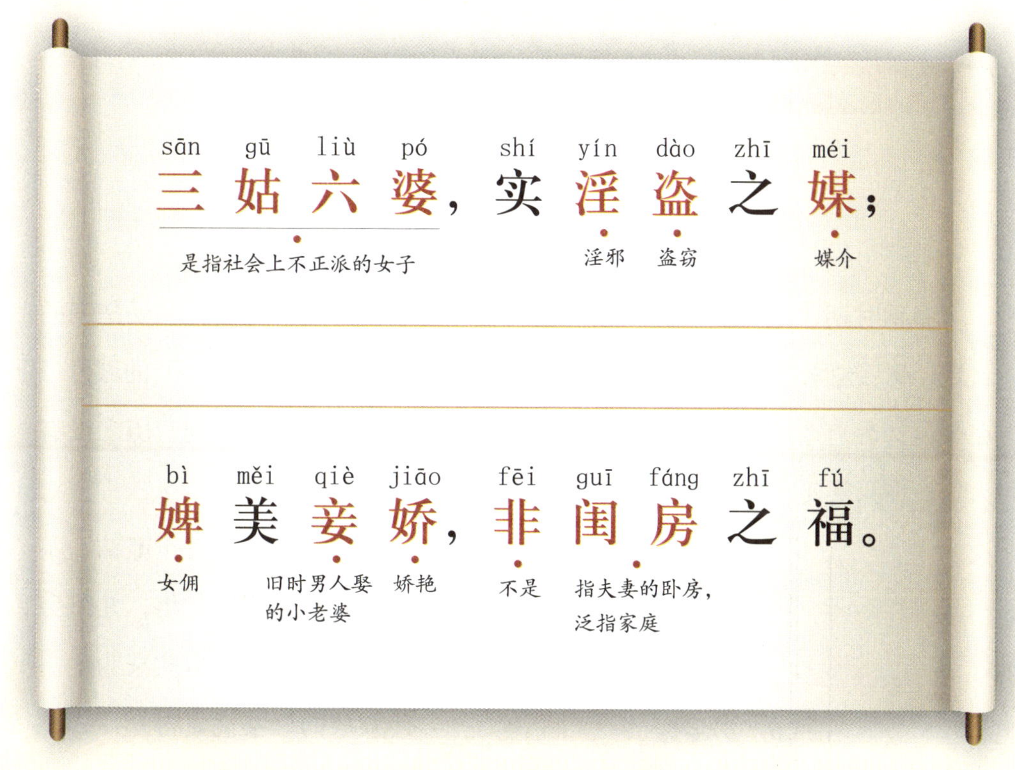

释义

社会上那些不正派的女子是淫者和盗贼的媒介；美貌的奴婢和娇媚的小老婆都不是家里的福气。

思考

1. 你觉得什么样的人是不正派的人？你遇到过吗？
2. 你是喜欢跟长相漂亮的人交朋友，还是喜欢跟善良正直的人交朋友？

孙叔敖教子

春秋时期，楚国令尹孙叔敖临死时告诫儿子：“我活着没有接受楚王的封地，死后楚王必定封你城邑，到时，你一定不要接受别人都争着要的城邑。在楚越边界有个叫寝丘的地方，地势低洼不肥沃，城名也不吉利，历来没有人争，你只管要它，能保你衣食饱暖，而且福泽子孙。”

孙叔敖为相清正廉洁，不蓄钱财，他死后几年，儿子穷困潦倒，只好上山砍柴为生。孙叔敖的好友优孟得知后，上朝提醒楚王，楚王立即下令给孙叔敖儿子重赏封地。

众人纷纷劝说，让其借机讨得重赏，至少要一处风水宝地，但孙叔敖的儿子坚持听从亡父的嘱咐，不要肥缺城邑，只求没人要的寝丘。于是庄王把寝丘封给孙叔敖的儿子，享有四百户赋税，还夸奖他贤者之后有贤风。

按楚国规定，功臣的封地经过两代，别的人要封时就收回。由于寝丘是人们不屑一顾之地，所以在孙叔敖的子孙那里一直传了十几代。

孙叔敖不以俗念争肥缺而得到长久的利益，后人称之为“短智佐君王，长智利子孙”。这才是人生的大智慧啊。

爸爸妈妈认为：

我认为：

tóng pú wù yòng jùn měi
童仆勿用俊美，

男下人，男奴仆　雇佣

qī qiè qiè jì yàn zhuāng
妻妾切忌艳妆。

禁戒，不该做

下人不要雇佣英俊帅气的，妻子不要浓妆艳抹。

1. 请问你是怎样看待一个人是否漂亮？
2. 请问你认为人的外表和内涵哪一个比较重要？

贤贤易色

孔子的弟子子夏说过“贤贤易色”，意思是要尊重那些有贤德的人而轻视美色。如果妻妾成天想着涂脂抹粉，打扮得花枝招展，可见她是爱慕虚荣的，离贤淑还有距离。爱美是人的天性，尤其是女性，适当而得体的打扮是无可厚非的，而且是很好的。但如果沉溺其中，只知穿衣打扮，甚至拼命追求，那就不仅不美，反而是丑了。美总是以善为基础的，如果这个人内心不善，她再怎么打扮也不美，还会露出俗气和戾气。有人说，好人坏人又没写在脸上，怎么看得出来？其实从一个人的相貌中就能看出个七八分。俗话说“相随心生”，心地善良的人即使五官长得不是很完美，但总能给人一种舒服和蔼的感觉。而且人真正永恒的美丽是从他的内在修养中流露出来的，内在修养越深厚，气质就越优雅。

我的回答

爸爸妈妈认为：

我认为：

zǔ zōng suī yuǎn
祖宗虽远，

jì sì bù kě bù chéng
祭祀不可不诚；

祭祀：根据宗教或社会习俗的要求进行的具有象征意义的行为或仪式

诚：虔诚，真诚

释义

我们的祖先虽然已经离我们很遥远，但祭拜他们的时候必须要真诚；

思考

1. 请问你认为人们为什么要纪念、缅怀先人呢？
2. 请问你去逛过庙会吗？去祭祀过吗？

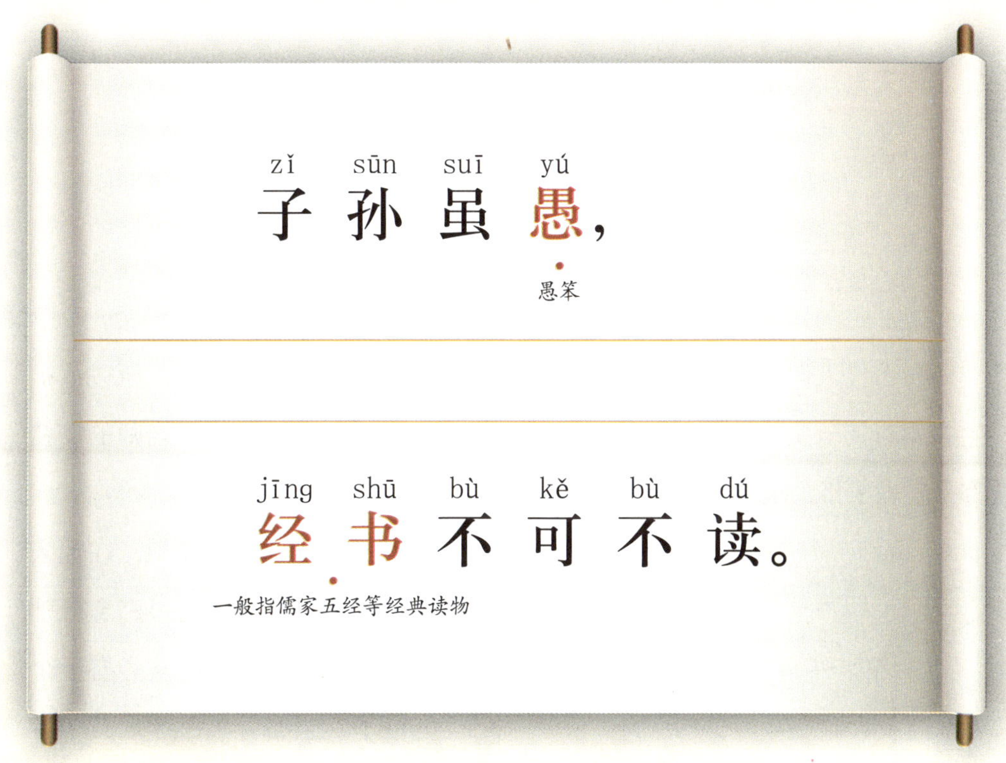

释 义

子孙后代虽然愚笨，但经书是不可以不读的。

思 考

1. 请问你喜欢读书吗？都读些什么书？

2. 请你说一说学习需要什么条件（如勤奋、智慧等）？你听说过很愚笨的人经过自己的努力最终取得很大成就的故事吗？

子贡守孝

在古代人们对老师非常尊敬，所谓“一日为师，终身为父”。所以，师生关系与父子关系是同等重要的。我们在古书中看到，古代对于老师的丧礼都是守丧三年，跟对父母完全一样。

孔夫子一生教学，在他去世的时候，学生们很感念老师的恩德，在老师的墓旁搭了个棚子，整整守孝三年。其中有一个学生守了六年，就是子贡。因为夫子去世的时候，子贡在其他的国家做生意，等他回来的时候，丧礼已经结束。子贡觉得非常遗憾，所以按制守孝三年之后，自己又加了三年。当然对于老师理应如此。

弟子要能够成材，首先要懂得向老师虚心求教，而在跟随老师的同时，就应该明白恭敬侍奉老师的道理。因为父母养育我们，师长教导我们，是同样的恩泽，当然应该尊重。而且，一个尊敬老师的人，必定是重视学业的，所谓尊师重道，这也是对学问的尊重，是对自己负责的表现。

我的回答

爸爸妈妈认为：

我认为：

jū shēn wù qī zhì pǔ
居身务期质朴，

指自身　务必，一定　希望

jiào zǐ yào yǒu yì fāng
教子要有义方。

做人的正道

释义

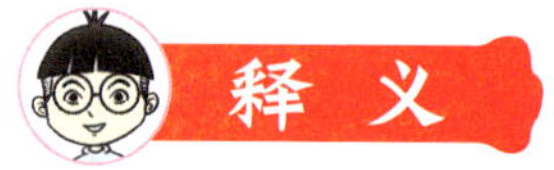

平时做人要低调朴实，要用做人的正道去教育子孙。

思考

1. 请问你认为做人应该低调朴实还是张扬个性？
2. 请问你有自己的学习方法吗？

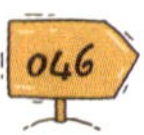

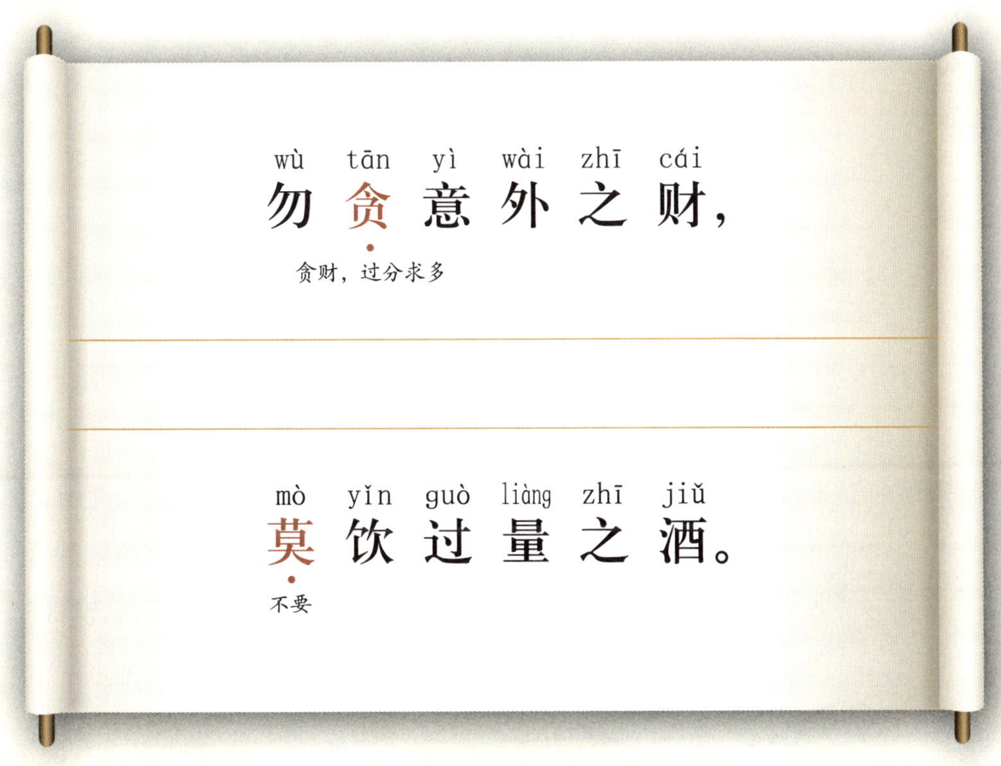

释义

不要贪图不属于你的钱财，不要喝超过自己承受范围的酒。

思考

1. 请问你有拾金不昧的经历吗？
2. 请问你认为过度饮酒对于我们的健康有什么样的影响呢？

讲故事懂道理

拾金不昧

清朝吴炽昌所著的《客窗闲话》中，记载有秀才何岳两次“还金”的故事。一次说他曾经在夜晚走路时捡到二百余两白银，第二天早晨，他携带着原封未动的银子来到他捡钱的地方，看到一个人正在寻找，何岳上前询问，

经过核对，那人回答的数目与封存的标记相符，何岳就将拾到的钱还给了他。失主想从中取出一部分作为酬谢，被何岳拒绝。

还有一次，何岳在一位官吏家教书，官吏有事要去京城，就将一个箱子寄放在何岳那里，里面有数百两黄金，官吏对何岳说：“他日回来再取。”官吏一去多年，没有一点音信，看来这位官吏已经把这箱子黄金忘记了，但是何岳没忘，他想方设法找到这位官吏的亲友，托这位官吏的侄子把箱子带给官吏。

拾金不昧历来是中华民族的传统美德。一介书生何岳，捡到钱归还，或许不少人能做到，但金钱寄放在他那数年却一点儿也不动心，可见其品格是多么高洁。

爸爸妈妈认为：

我认为：

yǔ jiān tiāo mào yì

与肩挑贸易，

肩挑：指挑着担子做生意的人（多指体力劳动者）

贸易：做生意

wú zhàn pián yi

毋占便宜；

毋：不要

释义

对于用肩膀挑着担子做生意的人，不要占他们的便宜；

1. 请问你见过扁担吗？知道它是做什么用的吗？
2. 请问你认为应该怎样对待农民工、清洁工等辛苦谋生的人呢？

jiàn pín kǔ qīn lín
见贫苦亲邻，

亲：亲戚　邻：邻居

xū duō wēn xù
须多温恤。

恤：体恤安抚

见到家境贫困的亲戚朋友或者街坊邻居，要多关心、帮助他们。

1. 请问你和自己的邻居相处和睦吗？
2. 请问如果你看到路边乞讨的人，会拿钱给他们吗？

讲故事懂道理

善人严世期

南北朝时南朝宋元嘉年间有一位名士叫严世期，他家道殷实，并且乐善好施，常做善事，周济乡里。严世期的同乡张迈等人，家徒四壁，生活艰辛，常常处在吃了上顿没下顿的困境中。

有一年张迈兄弟三人同时生下儿子，按说生孩子应该高兴庆祝，兄弟三人却发起愁来，本来日子就不好过，如今又正值灾荒，庄稼颗粒无收，他们的境况更是雪上加霜。他们担心无力抚养孩子，甚至想把孩子丢弃。严世期知道了这件事，便主动登门，送给他们衣服和粮食，让张迈等人非常感激。在他的帮助下，这三个孩子最终长大成人，孩子们对他感恩戴德，视他如亲生父亲。

严世期对乡邻的帮扶二十

年如一日，从不厌烦。若有贫苦的老人去世，严世期都会按照礼节为他们举行葬礼，并且把他们幼小的子女抚养长大，成家立业。这些孩子也都把他当作父亲一样尊奉，终生不忘其恩。当时的人们都被他的善行所感动，他的事迹也被人们广为传诵。

我的回答

爸爸妈妈认为：

我认为：

kè bó chéng jiā
刻薄成家，

待人或说话冷酷无情，过分苛求。

lǐ wú jiǔ xiǎng
理无久**享**；

按道理 受用，享受

为人刻薄而发家的人，没有理由长久享受幸福；

1. 请问你认为什么样的人才能长久地享受幸福？
2. 想一想什么行为是刻薄的？

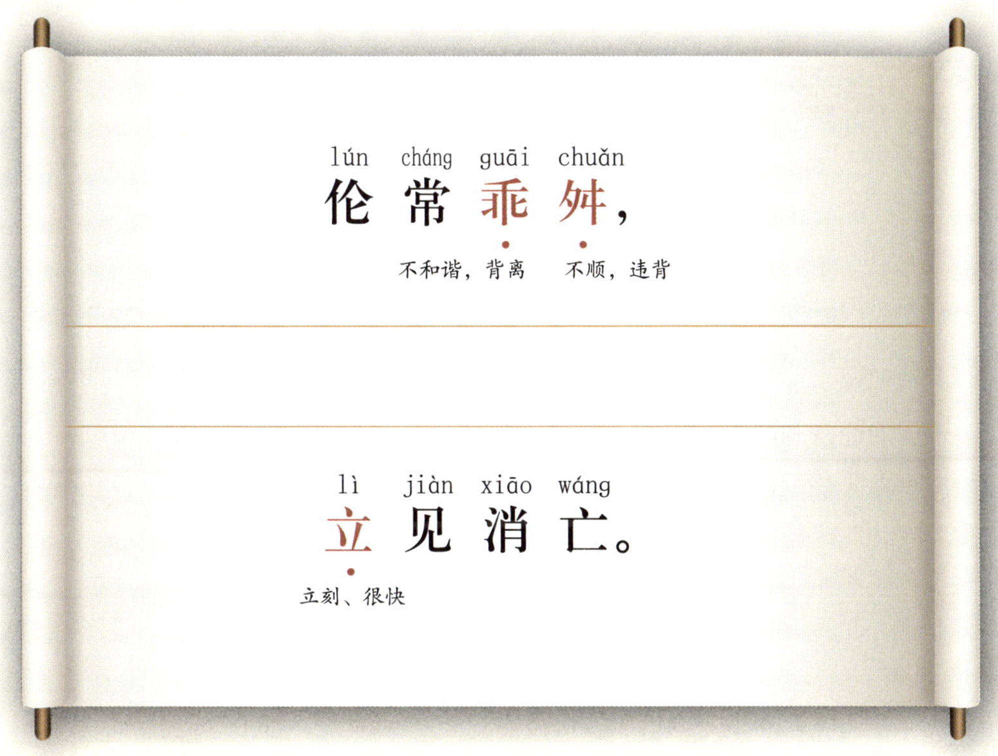

释义

做违背伦常的事，会很快消失灭亡。

思考

1. 请问你知道什么是“伦常乖舛”吗？
2. 为什么不孝顺的人一般不会有长远的幸福？

讲故事懂道理

秦暴政而亡

在战国时期，有一个叫嬴政的君王，他能征善战，并且还有一批有才华的人辅助他，他在短短的十年时间里先后灭掉六国而统一全国大部分地区，秦帝国的经济和军事实力绝对够强，“皇帝”这个称谓就来自秦王嬴政，人称始皇帝。然而这个强大的秦帝国却在短短的十几年间又灰飞烟灭。其中的原因，不得不让人深思。秦始皇统一中国后，老百姓经历了春秋战国500多年的长期分裂和战乱，都非常希望和平，渴望发展经济，安居乐业。但是，他却沉迷于自己统一天下的伟大中，认为天下的人都应该感谢他、供奉他，他推行严刑苛法，赋税徭役也很沉重。耗费巨大的财力、物力、人力修建阿房宫。为了能有更多人供奉他，他征兵打仗来扩充疆域和人口。为了使自己死后能够继续享受，他让强征劳力去修筑

他的陵寝。秦始皇去世之后，秦二世胡亥篡改遗诏夺取王位，后有赵高杀李斯逼胡亥自尽，之后赵高又被杀……真是乱象丛生。唐代诗人杜牧一针见血地指出：“诛秦者秦也，非天下也”。就是说，灭亡秦王朝的是他自己，不是别人。治国如此，治家也是这样，道理是一样的。

爸爸妈妈认为：

我认为：

xiōng dì shū zhí
兄弟叔侄，
（侄：弟兄的儿子）

xū fēn duō rùn guǎ
须分多润寡；
（分：分配财务；多：富有的；润：帮助；寡：贫穷的）

释义

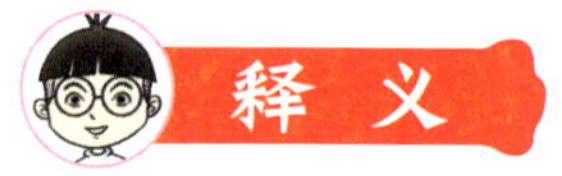

兄弟叔侄之间要互相帮助，家境好的可以帮助家境不好的。

思考

1. 你如果有好吃的东西会不会跟亲戚家来玩的孩子一起分享？
2. 如果家里有财产，兄弟姐妹之间可以互相争夺吗？

zhǎng yòu nèi wài
长幼内外，
（内外：泛指男女尊卑长幼）

yí fǎ sù cí yán
宜法肃辞严。
（法：家法、家规；肃：恭敬；辞：语言；严：庄重、认真）

释义

家长和孩子之间要有秩序、规矩，晚辈对长辈要恭恭敬敬，长辈对晚辈要庄重认真。

思考

1. 请问平时你对长辈说话的态度是怎样的？
2. 请问你有没有帮助过弟弟妹妹？

讲故事懂道理

父母是孩子的启蒙老师

中国几千年来是非常重视家庭教育的，为人父母、做长辈的人，都有这个态度和责任感：长幼有序，家规严格，才能家道兴盛。而家规要好，必然要长者、父母以身作则。父母的一言一行、一举一动，都要谨慎、严肃，长者要“留与儿孙作样看”。

先贤说，治国、平天下之前必先修身、齐家，家中老、少、男、女、内、外，都应该有严正的规矩。规矩离不开伦常。站有站相，坐有坐相，长者要有威仪，言而有信，诚实无欺，等等。父母的言语都要跟道义、情义相应，不可重利轻义甚至见利忘义，否则会误导孩子的人生观、价值观，价值观一偏，孩子这一生就不可能幸福。

司马光说：“平生所为之事，无有不可语人者”，他为什么敢这样说？就是他小时候第一次说谎，被他父亲严正地制止，他从此不敢乱来。有其父的榜样作用，才会有这样品德高尚的圣贤。

让孩子生活节俭，不爱慕虚荣，对一切人、事、物要恭敬，父母长辈首先要做到，并落实在每天的言谈举止中，孩子耳濡目染，通过潜移默化的影响，中华文化自然得以传承。

我的回答

爸爸妈妈认为：

我认为：

tīng fù yán，guāi gǔ ròu，
听妇言，乖骨肉，

言：此指挑拨的话语
乖：违背
骨肉：指家族亲人间的骨肉亲情

qǐ shì zhàng fū；
岂是丈夫；

岂：难道

听从他人的挑拨，伤害了骨肉亲情，这哪是大丈夫的作为？

1. 请问你的爸爸是一个什么样的人？
2. 请问你认为过度溺爱对不对？

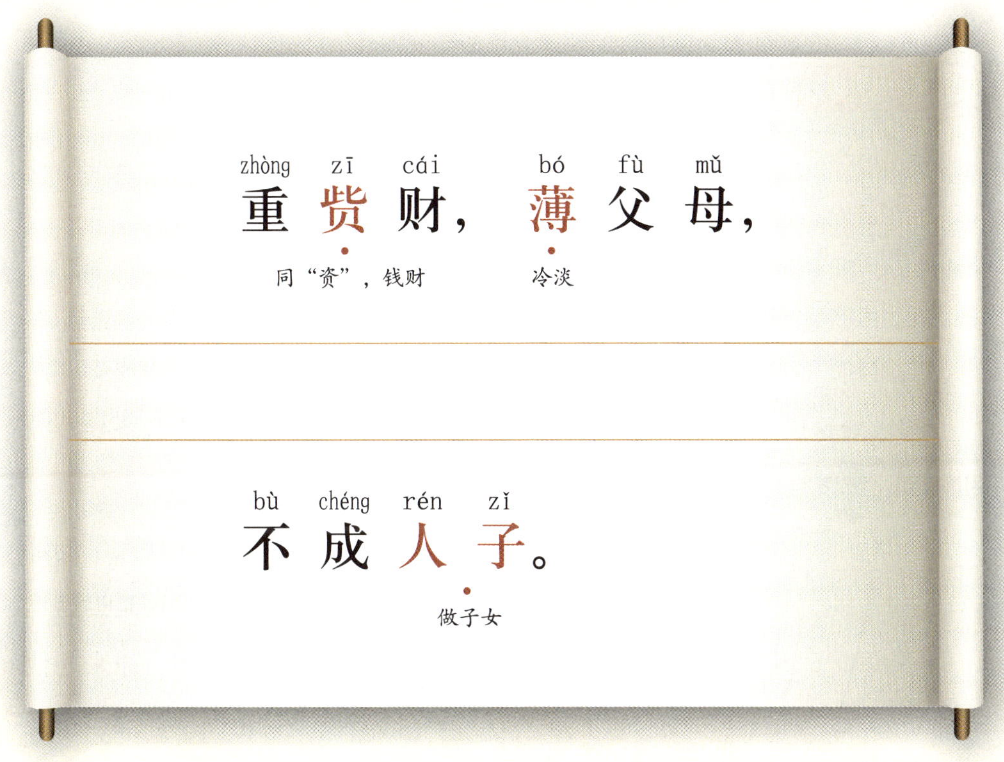

释义

看重钱财而薄待父母，这不是做人子女的应有态度。

思考

1. 请问你平时对爸爸妈妈孝顺吗？
2. 请问你是怎样看待金钱的？

讲故事懂道理

治天下易，憾老婆难

古时候，女人是男人的附属品，凡事都要听丈夫的，然而也有例外。

房玄龄是唐太宗时期著名的大臣，无论是军国大计还是日常政务他都神机妙算、智谋百出，但是他却拿自己的老婆没办法。

有一天早朝，众大臣们都走了，可是房玄龄还是迟迟不肯走，唐太宗一问，原来是他的老婆不让他回家。唐太宗笑道：“这还不容易，我给你下一道圣旨送你回去。”就这样房玄龄拿着圣旨回家了。

唐太宗觉得堂堂一个宰相竟然在家被欺负成这个样子，太不像话了。于是决定给房玄龄出口气，他要给房玄龄纳妾。房玄龄听说，求唐太宗不要下旨。唐太宗不理，还让长孙皇后去劝房玄龄的老婆，让她同意房玄龄纳妾。但长孙皇后碰了一鼻子灰回来了。

唐太宗大怒，下旨说："要么同意房玄龄纳妾，要么喝下毒酒。"房玄龄的老婆接到圣旨后二话不说，端起毒酒便喝。其实这杯毒酒只是一杯醋，这也就是"吃醋"的由来。这下唐太宗也无可奈何了，不过，经过此事，房玄龄的老婆倒也开始注意自己的言行举止，和房玄龄相敬如宾。

古代典籍上总说家庭不和睦常常是由于女人，因为那时女性大多没有机会读书，学识少，目光短浅，心量也小，所以嫁人后常常会与夫家不和。如果做丈夫的没有广大的胸怀，没有见识，往往被妻子牵着鼻子走。但是现代社会男女平等，具有相同的受教育机会，所以今天的女性大部分都是有胸怀的，因此在今天"怕老婆"不再是贬义词，反而成为好男人的标准。你觉得是这样吗？

爸爸妈妈认为：

我认为：

jià nǚ zé jiā xù

嫁女择佳婿，

wú suǒ zhòng pìn

毋索重聘；

索：索要　重：多的　聘：聘礼，礼金

释义

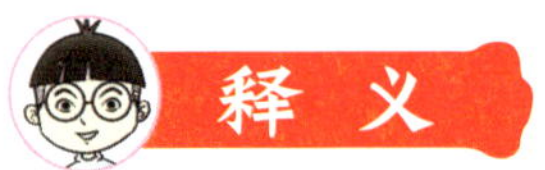

嫁女儿时要为她选择贤良品质好的女婿，不要去索要丰厚的聘礼；

思考

1. 有些人结婚的首要条件是看男方家里是否在大城市买房和买车了，对于这样的现象你是如何看待的呢？

2. 当你自己嫁娶的时候，你会考虑什么？

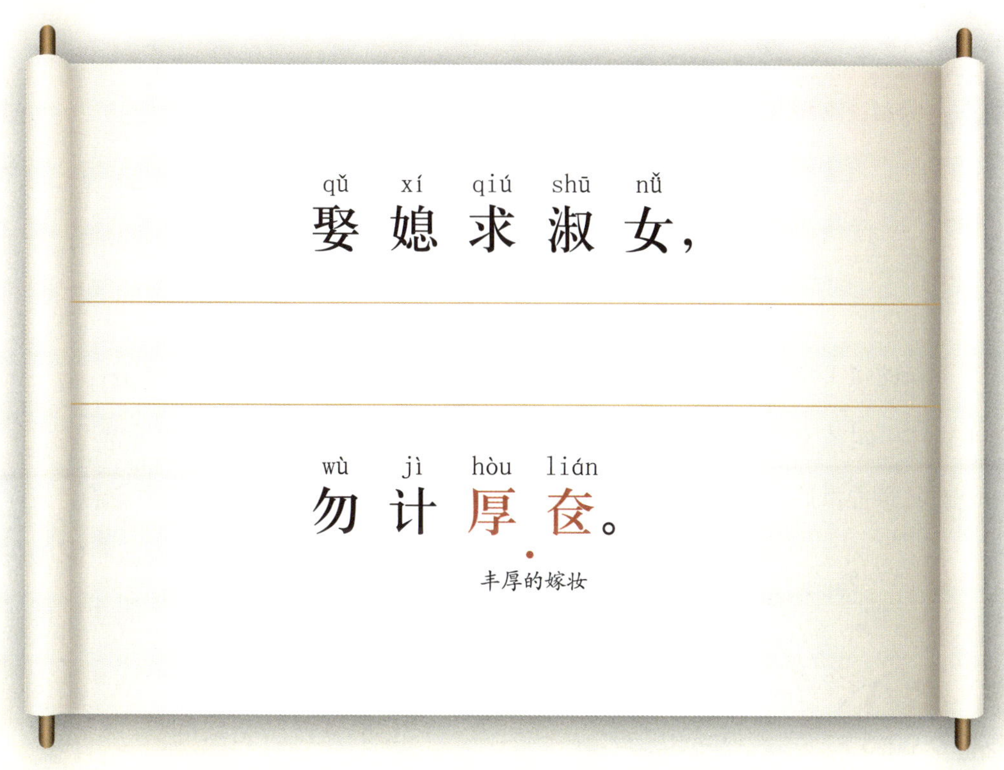

qǔ xí qiú shū nǚ
娶媳求淑女，

wù jì hòu lián
勿计厚奁。

（厚奁：丰厚的嫁妆）

释义

娶媳妇时要选贤良淑德的女子，不要计较（女方）是否有丰厚的嫁妆。

思考

1. 你觉得娶有钱的媳妇一定会幸福吗？
2. 你认识的人里谁是好妈妈，谁是好太太，她们有什么优点？

董永和七仙女

在西溪古镇，流传着孝子董永和七仙女的传奇故事。西溪镇西北角有一个小村庄，叫董家舍，传说，东汉初年董永就出生在这里。董永的家里非常贫困。他的父亲去世后，董永无钱办丧事，只好以身作价向地主贷款，埋葬父亲。丧事办完后，董永便去地主家做工还钱。上工路上，他在一棵老槐树下遇见一位美貌女子，女子说自己无家可归，拦住董永要董永娶她为妻。

董永想起自己家贫如洗，还欠地主的钱，就死活不答应她。那女子左拦右阻，说她不爱钱财，只爱他人品好。董永无奈，只好带她去地主家帮忙。那女子心灵手巧，织布如飞。她昼夜不停地干活，仅用了一个月的时间，就织了三百尺的细绢，还清了董永欠地主的债务。之后，二人在老槐树下拜了天地，成了亲，安居在“寒窑”，过上男耕女织的生活。

原来这位女子是天上的七仙女，因为董永心地善良，在众位姐姐的帮助下，乘仙鹤下凡来到人间，在老槐树下与董永相遇。如今，槐树所在地改名“孝感”。过去有诗称颂董永的孝顺：葬父贷孔兄，仙姬陌上逢；织线偿债主，孝感动苍穹。

这个故事流传至今，他告诉我们，贫穷不可怕，只要勤劳、人品好，总会有好的回报。

爸爸妈妈认为：

我认为：

jiàn fù guì ér shēng chǎn róng zhě
见富贵而生谄容者，

谄：巴结讨好　容：样子　者：…的人

zuì kě chǐ
最可耻；

见有钱人就去谄媚恭维的人，是最可耻的；

思考

1. 请问你见过“见富贵而生谄容者，遇贫穷而作骄态者”的人吗？你对这种人的印象如何？

2. 请你说一说我们要做一个怎样的人？

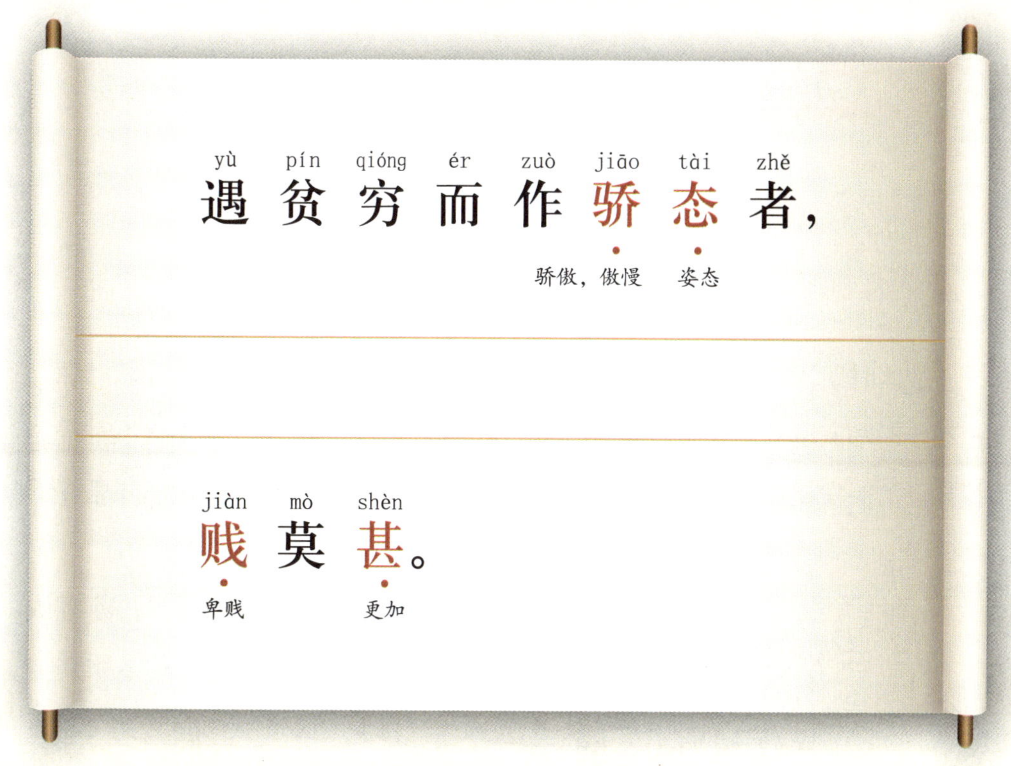

释义

见贫困的人就露出骄傲的姿态，是最卑贱的人。

思考

1. 你看见穷人家的孩子会嫌弃他穿得不好吗？
2. 你对骄傲的富二代有些什么看法？

讲故事懂道理

前倨后恭

战国时期，有一个学者叫苏秦，他是著名的纵横家、外交家和谋略家。然而，他幼年时却家境贫寒，连书都读不起。为了维持生计和读书，他不得不时常卖掉自己的头发或者帮别人打短工赚钱，后来他又背井离乡到了齐国，拜鬼谷子为师。

经过一年的学习，苏秦认为自己已经把老师的本领都学到了，便迫不及待地告别老师和同学，去闯荡天下。

苏秦最早曾游说秦惠王，但是没有人看得起他。他穿着破旧的袍子，钱也花光了，便形容枯槁、面有愧色地回家了。一进家门，他的妻子连织布机也不离开，低头织布不去理他；嫂嫂不给他做饭；父母根本不同他说话。见到此景，苏秦决定发奋读书，“锥刺股”说的就是苏秦。一年后，他揣摩出合纵连横之术，又到赵国游说，受到赵王重用。赵王采纳了苏秦的“合纵”主张，并资助他去游说各诸侯国加盟。苏秦逐一说服了韩、魏、齐、楚、燕国，与赵国一起联合抗秦。苏秦还掌握了六国的相印，威风八面！

一次，他又回家，父母走出三十里外迎接他；妻子见到他不敢正视，恭恭敬敬地对待他；嫂嫂甚至跪下拜见他。苏秦感慨地问：“为何前倨而后恭啊！”嫂嫂回答：“你现在的地位尊贵多了呀！”

“前倨后恭”这个成语是讽刺那些势利小人的，然而苏秦是怎么做的呢？他说，正是这种之前的看不起，才让他发奋图强，有了后来的成就。于是他分发千金给当初这些轻视他的亲友。

爸爸妈妈认为：

我认为：

jū jiā jiè zhēng sòng
居家戒争讼，

戒：戒除　讼：诉讼，打官司

sòng zé zhōng xiōng
讼则终凶；

居家过日子要避免争斗诉讼，诉讼是祸根；

思考

1. 请问你认为出现矛盾时应该如何解决？
2. 请问你怎么理解“家不是讲理的地方”这句话？

释义

为人处世不要多说话，祸从口出，言多必失。

思考

1. 你有没有因为乱说话得罪过人？
2. 你说话急躁吗，讲话前有没有多想一下的习惯？

讲故事懂道理

祸从口出

东汉时的孔融，十岁时拜见名士李膺，对李府看门人自称是李膺的亲戚。李膺不认识孔融，觉得很诧异。

孔融说："当年我的先祖孔子曾拜您的先祖老子为师，所以我们是世交啊！"

李膺听了很高兴，于是热情地款待了孔融。

在场的一位官员陈韪听后摇摇头："小时候聪明的人，长大了未必出色啊！"孔融马上回击道："您老人家小时候一定很聪明！"

古人说，喜欢讽刺人的人，不但无德，还可能丧生。

恃才傲物的孔融，又看不惯曹操"挟天子以令诸侯"的行为，于是常常讽刺挖苦曹操。曹操以饮酒延误军事为由，颁布了禁酒令，孔融讽刺道：桀纣因为女色而亡国，曹大人为何不连婚姻也禁了？

曹操之子曹丕要纳袁绍儿媳妇甄氏为妃，孔融立即写信，拿“武王伐纣，以妲己赐周公”来揶揄曹操。曹操不解其意，当面问他，他故弄玄虚，眨眨眼睛，又煞有介事地笑道：“我是以今天的情形推想出来的，也许历史还真是如此。”弄得曹操面红耳赤，拂袖而去。

没有口德，祸从口出，孔融最终被曹操所杀。

孔子曾说“君子欲讷于言而敏于行”，意思是，君子的修养要尽力使自己做到话语谨慎而行事敏捷。

爸爸妈妈认为：

我认为：

wù shì shì lì ér líng bī gū guǎ
勿恃势力而凌逼孤寡，

恃：依仗
孤：幼年丧父的人（泛指无依无靠的人）
寡：丧夫的女子

wù tān kǒu fù ér zì shā shēng qín
勿贪口腹而恣杀牲禽。

口腹：指饮食，吃喝
恣：放纵，随意
牲：牲畜
禽：鸡鸭鹅家禽

释义

不要依仗着有权有势而去欺负那些无依无靠的人；不要贪图嘴上的享受而去任意杀生。

思考

1. 请问你有没有见过恃强凌弱的人？你有没有欺负过比你弱小的人？见到比你弱小的人，你通常是怎么做的？

2. 请问你有没有因为觉得好玩或者别的原因，让小动物离开自己原本的生活环境，最后导致它们受伤甚至死亡？如果有，你觉得这样做对吗？

杀生与放生

现在，有很多的人信仰佛教，佛教说不可以吃肉杀生，并主张放生，认为放生是对生命的慈悲，这些都是会有善恶因果报应的。于是现在出现很多自发的放生组织，放生已经成为他们的一种信仰和一心向善的心灵寄托。然而，围绕放生也产生了很多争议。

反对者认为放生破坏了生态环境，比如放生鱼类，因为放生者不懂专业知识，很多被放生的鱼类因为天气和气候的原因死掉，也有些掠食性鱼类被放生后会捕杀水中原有的小鱼，“死活都是杀生”。

而支持放生的人认为：放生的目的是感召人们向善、吃素、不要杀生等，其有益的方面远远大于对环境和生态的小的影响。

爸爸妈妈认为：

我认为：

guāi pì zì shì
乖僻自是，

性格古怪偏激，不合群　自以为是

huǐ wù bì duō
悔误必多；

后悔　错误

释义

性格古怪、自以为是的人，会常常因错误的判断和选择而懊悔；

思考

1. 请问你身边有没有自以为是的人？他和周围朋友的关系怎么样？
2. 请问你认为懒惰的人会获得成功吗？

释义

颓废懒惰、甘于现状不思进取的人治家，家道很难成就，家业也很难长久。

思考

1. 你知道什么样的人叫“败家子”吗？
2. 如果家里环境不好，可以放弃努力吗？

刚愎自用的吕布

“马中赤兔，人中吕布”，吕布字奉先，被称为三国时期的头号英雄。“有勇有谋”则是他的另一个标签。吕布热衷于使自己成为一架战争的机器，往来驰突，八面威风。虽有沙场魅力，但却因刚愎自用，葬送了自己。

吕布在濮阳初次与曹操对敌时，陈宫曾为他谋划在濮阳南边一百八十里的泰山道上埋伏精兵，待曹军过了一半后抢夺他们的粮草辎重。吕布没有采纳他的建议，只是派两员副将驻守兖州，自己却率领主力军另外屯兵濮阳，坐待曹兵围攻。结果曹操一举攻下了兖州，并直逼濮阳。面对敌众我寡的局势，陈宫极力主张“不可出战，待众将聚会后方可。”但吕布不听，自认为“吾之英雄，谁敢近也！”结果丢了濮阳。

徐州之战时，吕布虽被曹军围困，但实力和士气仍在，部将们忠心耿耿，打算最后一搏。陈宫建议，可以开战，但吕布仍旧不听，不肯主动出击，宁肯固守孤城。

最终曹操大军部署完毕，吕布虽然做了困兽之斗，终究于事无补。

自负的吕布在被俘之后，还在不解为何部将离他而去。

爸爸妈妈认为：

我认为：

xiá nì è shào
狎昵恶少，
(狎昵：过分亲近；恶：不好的)

jiǔ bì shòu qí lèi
久必受其累；
(累：连累)

亲近那些不良少年，时间久了一定会受他们的拖累；

思 考

1. 请问你的朋友都是什么样的人？当你遇到困难的时候，他们会义无反顾地帮助你吗？

2. 你认为交朋友最重要的是什么？你容易受到朋友的影响吗？

qū zhì lǎo chéng

屈志老成，

委屈自己的心志，迁就，这里指虚心求教。 稳重善于处事的人

jí zé kě xiāng yī

急则可相依。

依靠，获得帮助

释义

虚心地和稳重的人交往，遇到紧急事件的时候可以求助他们。

思考

1. 稳重的人有什么个性特征呢？
2. 想想如果你有困难，谁最能帮你解决问题？

近朱者赤近墨者黑

欧阳修是北宋时期著名的政治家、史学家和文学家。他在文学方面取得了显著的成就，创作了很多优秀的散文和诗歌。尤其是他的散文，简洁流畅，丰富生动，富有感染力。

欧阳修在颍州府（今安徽省阜阳市）当官的时候，手下有一个叫吕公著的年轻人。有一次，欧阳修的朋友范仲淹来拜访欧阳修。欧阳修热情地招待他，并请吕公著作陪叙话。谈话的时候，范仲淹对吕公著说："近朱者赤，近墨者黑，你在欧阳修身边做事，要多向他请教文学方面的知识和技巧"，吕公著点头称是。后来在欧阳修的言传身教下，吕公著的写作能力提高得很快。

"近朱者赤近墨者黑"这

句话出自《孟子》的《滕文公章句下》，孟子的本意是说人会被周围环境影响，以此强调治理国家的君主应注意对自己身边亲信的考察和选择。

这句话后来比喻为接近好人可以使人变好，接近坏人可以使人变坏。可见环境对人特别是对青少年会产生巨大的影响。

爸爸妈妈认为：

我认为：

qīng tīng fā yán
轻听发言，
(轻：轻信)

ān zhī fēi rén zhī zèn sù
安知非人之谮诉，
(安：怎么；谮诉：污蔑别人的坏话)

dāng rěn nài sān sī
当忍耐三思；
(三思：多思考)

释义

轻信别人的话，怎么知道他不是来说别人坏话的呢？应该忍耐并且多加思考；

思考

1. 请问你和别人发生争执的时候有没有冷静下来好好地想想事情的原委？
2. 请问你有没有误听谣言，没有求证事实真相而与别人发生争执？

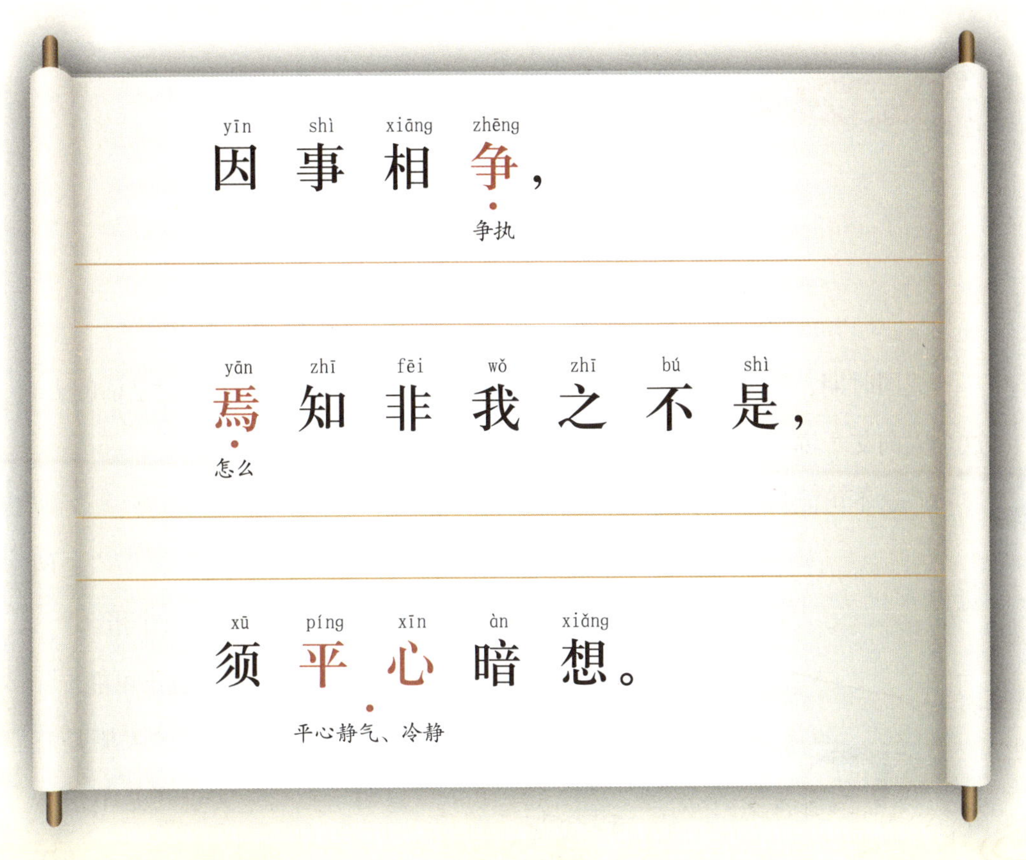

释义

因为一件事而与别人发生争执，怎么知道不是自己的错呢？要自己静下心来想想。

思考

1. 反省自己跟人谈话有没有强词夺理的时候？
2. 与人交流时如果发现自己说错话了，该怎么办？

讲故事懂道理

道听途说

战国时期，齐国有一个人名叫艾子，有一次，他遇到了一个爱说空话的人。这个人向艾子说："有户人家的一只鸭一次下了一百个蛋。"

"这不可能！"艾子说。

爱说空话的人说："是两只鸭子一次下了一百个蛋。"

艾子说："这也不可能。"

这个人又说："大概是三只鸭子吧。"艾子还是不信。爱说空话的人便一次又一次地增加鸭子的数目，一直加到十只。

这个爱说空话的人又向艾子说："上个月，天上掉下一块肉，有十丈宽，十丈长。"

艾子听了以后，说："哪有这事，不可能的。"这个人又说："那大概有二十丈长吧。"

艾子忍不住问道："世上哪有十丈长、十丈宽的肉呢？还是从天上掉下来的。掉到什么地方？你见过吗？你刚才说的鸭子又是哪一家的？"

这个爱说空话的人说："我是从街上听来的。"

艾子说："道听而涂说，德之弃也。"（涂：通"途"）。意思是：从马路上听了没有根据的话而乱传，是很不道德的。

我的回答

爸爸妈妈认为：

我认为：

shī huì wù niàn
施惠勿念，

给人以恩惠　想着，惦记着

shòu ēn mò wàng
受恩莫忘。

接受别人的恩惠

释义

不要老是惦记着自己做过的好事；接受过别人的帮助，则不能忘记。

思考

1. 你知道身边哪些经常帮助别人的人？请你说一说。
2. 你接受过别人的帮助吗？当你遇到困难，别人向你提供帮助时，你的心情如何？你觉得你以后应该怎么做？

释 义

不管做什么事情都要留后路，取得成功的时候要知足，适可而止。

思 考

1. 你认为怎样才能做到做事留有余地?
2. 你听说过谁因为做事给自己给别人留后路，而避免了一些不好的事的例子吗?

讲故事懂道理

结草报恩

《左传》中记载着这样一个故事：

春秋时期，晋国的魏武子曾交代他的儿子魏颗在自己死后，把那个没有为他生过儿女的爱妾嫁给别人。后来魏武子病重时改变了主意，反而吩咐魏颗要用爱妾来给他陪葬。

不久，魏武子便死了，魏颗认为父亲在病危时的吩咐是神志不清时胡乱说的，不足为凭。于是他依照父亲生病前的话，把武子的爱妾嫁出去了。

后来魏颗奉命领兵去和秦国打仗，在与秦将杜回激战时，魏颗眼看就要败下阵来，正打算策马而逃。忽然看见战场上出现一位老人，老人很快地把地上的草打成结，遍地都是。秦军的兵将都被绊住了马脚，纷纷从马背上滚了下来。魏颗因而转败为胜，立下大功。就在当天晚上，魏颗梦见那位结草的老人，老人对他说自己是魏武子爱妾的父亲，由于魏颗使他女儿免于陪葬，自己非常感激，所以在战场上结草，帮他打了一个大胜仗。

魏颗在决定把父亲的爱妾嫁出去而不是给父亲陪葬时，并没有想过之后会有什么回报；爱妾的父亲受了魏颗的恩惠，在对方并未要求回报的情况下，主动报恩，他们都是君子，是好人。好人必有好报。

爸爸妈妈认为：

我认为：

rén yǒu xǐ qìng
人有喜庆，

人：别人　喜庆：这里指高兴的事

bù kě shēng dù jì xīn
不可生妒忌心；

妒忌：妒忌、怨恨别人的优点与才能

释义

别人家有欢喜的事情时，不要有妒忌心理。

思考

1. 你认为妒忌心理是一种怎样的心理？
2. 当别人遇到喜事时，我们应该怎么做？

rén yǒu huò huàn
人有祸患，

（祸患：这里指灾难，让人难过的事）

bù kě shēng xǐ xìng xīn
不可生喜幸心。

（喜幸：幸灾乐祸）

释义

别人家有灾祸的时候，不要有庆幸的心理。

思考

1. 你认为“幸灾乐祸”是一种怎样的心理？
2. 当别人遇到灾祸时，我们应该怎么做？

幸灾乐祸近于祸

春秋时期，晋国发生灾荒，晋国的国君请求向秦国买粮。秦国的大臣百里奚赞同卖粮给晋国，秦国给晋国支援了大批粮食，帮助晋国渡过了荒灾。

第二年，秦国发生灾荒，秦国的国君向晋国求援，晋国国君却不肯帮助。

晋国的大臣庆郑劝谏晋国国君说：“背弃对自己有过恩惠的人，以后就没有亲人；存有幸灾乐祸的心理就是不仁；贪求自己喜欢的东西就是不好的征兆；让你的邻居都讨厌、埋怨你就是不义。”

记载在《左传》上的这个小故事，就是成语“幸灾乐祸”的来历。所谓“种瓜得瓜，种豆得豆”，念头也有因果，什么样的内心就会招致什么样的境遇。所以，对于他人的苦，我们应心生同情，能帮助，则功德无量；无力帮助，也不能幸灾乐祸，否则会给自己种下苦果。要存好心，说好话，行好事，做好人。

我的回答

爸爸妈妈认为：

我认为：

shàn yù rén jiàn
善欲人见，

善：做好事　欲：想　见：被人看见

bú shì zhēn shàn
不是真善；

善：好，善良

做好事是为了让别人知道，就不是真的善心；

思 考

1. 请你说一说，真正的善心是怎样的？
2. 请你说一说我们应该以怎样的心态去做善事？

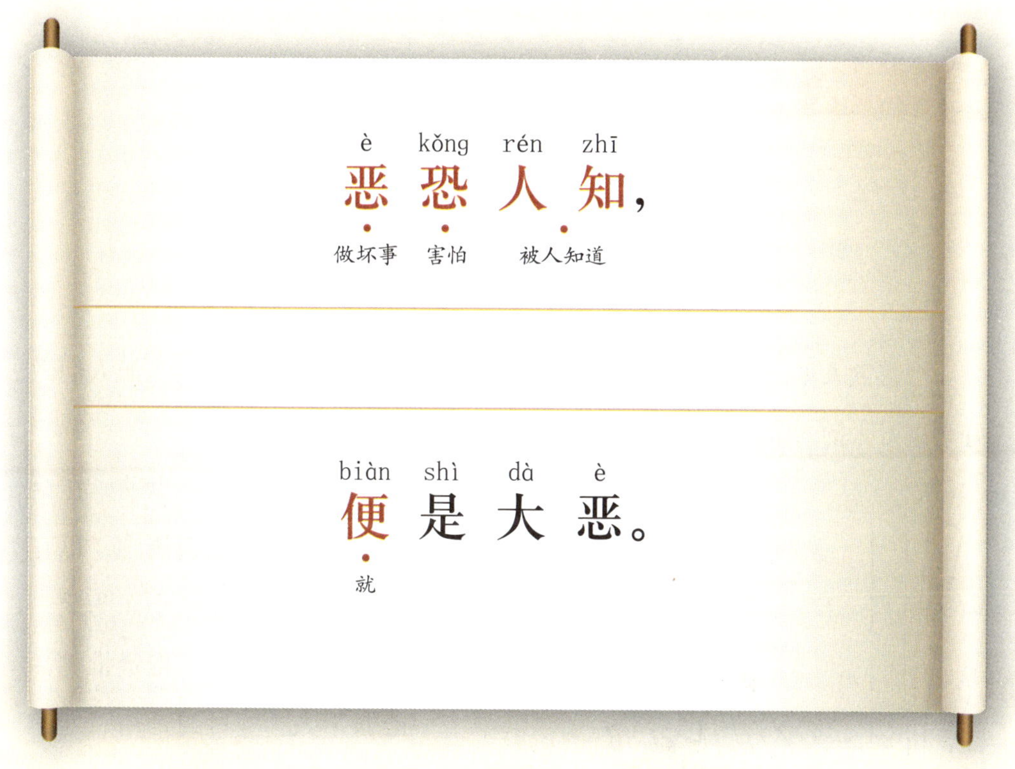

释义

做错了事害怕别人知道，不敢坦诚面对，承担后果，而是想方设法掩盖，那就是错上加错的大恶。

思考

1. 你有没有做错了事却不敢承认？为什么不敢承认？
2. 面对明明犯错却不认错的人，你会怎么办？

讲故事懂道理

刘备劝子

“善欲人见，不是真善；恶恐人知，便是大恶。”这两句话是告诫人们做好事不可张扬，做坏事不可掩饰，而应尽快改正。

三国时刘备去世前，在给他的儿子刘禅的遗诏中，也有两句话：“莫以恶小而为之，莫以善小而不为。惟贤惟德，能服于人。”目的是劝勉刘禅要进德修业，有所作为，不要再好吃懒做。好事要从小事做起，积小成大，也可成大事；坏事也要从小事开始防范，否则积少成多，也会坏了大事。所以，不要因为好事小而不做，更不能因为不好的事小而去做。小善积多了就成为利天下的大善，而小恶积多了则“足以乱国家”。

这句话讲的是做人的道理，只要是善，即使是小善也要做；只要是“恶”，即使是小恶也不能做。这句话值得让世人铭记在心。

我的回答

爸爸妈妈认为：

我认为：

jiàn sè ér qǐ yín xīn
见色而起淫心，

色：美色，指漂亮的女人
淫：淫邪

bào zài qī nǚ
报在妻女；

报：报应
妻：妻子
女：女儿

释 义

不要见到美女就心生邪念，否则这种恶念可能会报应在自己的妻子和女儿身上。

思 考

1. 请问你知道哪些关于善有善报的例子？
2. 如果发现朋友里有人做错事，你会不会去劝他？

nì yuàn ér yòng àn jiàn
匿怨而用暗箭，

怨：对人怀恨在心，而表面上不表现出来

箭：指背地里使坏害人

huò yán zǐ sūn
祸延子孙。

延：殃及

不要背地里怨恨别人甚至算计、暗害别人，这会给自己招来灾祸，甚至给自己的子孙埋下祸根。

思 考

1. 请问你有没有背后说过别人的坏话？
2. 请说一说你对“暗箭伤人”的理解以及看法。

暗箭伤人

“暗箭伤人”指采取那些不光明的手段暗地里伺机伤害别人。这个典故可以远溯到春秋时期。郑庄公手下有两位他最喜爱的大臣，一个是以仁孝闻名天下的老将军颍叔考，一个是长相俊美、箭术高超的青年将军公孙子都。

有一年秋天，郑国攻打许国。攻城时，颍叔考奋勇当先，爬上城头，指挥士兵攀上城墙，眼看就要攻破城门，立下大功。公孙子都对颍叔考一向不服气，见此景更是心生嫉妒。他不想让颍叔考一人独占大功，于是抽出箭对准颍叔考后背就是一箭。老将军没料到后面会有冷箭，从城头摔下身亡。

不过，暗箭伤人的人自己也没有好下场。话说子都得胜还朝，郑庄公设庆功宴款待众将士，饮酒前先为颍叔考默哀。

国公心爱的大臣身亡，而且是被人从背后射杀，毫无疑问是自己这方的人干的，郑庄公不可能视而不见，肯定会展开调查，或许是内心愧疚，心理压力太大，公孙子都神智出了问题。一番胡言乱语之后，冲到高处跳下来摔死了。京剧里有出戏叫《伐子都》，说的就是这个故事。

我的回答

爸爸妈妈认为：

我认为：

jiā mén hé shùn
家门和顺，
（和顺：关系和睦）

suī yōng sūn bú jì
虽饔飧不继，
（饔：早饭；飧：晚饭；继：连接）

yì yǒu yú huān
亦有余欢；

释义

家里的每个人都很融洽、和和睦睦，即使吃了上顿没下顿，也有欢乐；

思考

1. 有人说：“贫贱夫妻百事哀”，朱柏庐说“家门和顺，虽饔飧不继，亦有余欢”，请问你怎么认为呢？
2. 你认为“家和万事兴”对吗？“知足常乐”还是“不知足常乐”？

guó kè zǎo wán
国 课 早 完，

指百姓上缴给国家的税赋

jí náng tuó wú yú
即 囊 橐 无 余，

装东西的袋子

zì dé zhì lè
自 得 至 乐。

把国家的税赋交完，即使口袋里没有剩余的钱，也会自得其乐。

1. 我们为什么要缴税？
2. 你觉得企业为了省钱可以逃税吗？

和气生财

古时候有一个人叫张士选，很小的时候父母就过世了，他跟叔叔一起生活，他的叔叔有七个儿子，但对他如同亲生儿子一样关爱。

有一天，要分祖上留下来的产业，叔叔说把产业分成两份，一份是他的七个儿子的，另一份是张士选的。张士选不同意，坚持要把祖上的遗产分成八份，他跟叔叔的七个儿子应该是八个人来分，他只能拿一份。后来张士选入京赶考，住在一个客栈里，当时有二十几个考生都住在那里。有一个看相的人看到他们，仔仔细细地观察了所有考生的相貌后，指着张士选说，只有这个少年可以金榜题名。考试揭榜，果然只有张士选一个人高中。

现在为什么很多富贵的人家庭和顺的少，反而不如贫苦家庭的骨肉亲情深厚，就是重利轻义，把物质、钱财看得太

重。张士选对待自己的叔叔像对待父亲一样，对堂兄弟如同胞兄弟，在分财产的时候要求少分；而他的叔叔也把张士选看作自己的亲生儿子，分财产的时候却又把他当作自己兄长的后代。这一家人以和为贵，家里和睦就能有贵气，子孙就能够有功名，有富贵。这也就是老话儿说的“和气生财”。

我的回答

爸爸妈妈认为：

我认为：

dú shū zhì zài shèng xián
读书志在圣贤，

志向　成为圣贤，像圣贤学习

fēi tú kē dì
非图科第；

图谋　科举考试

释 义

读书学习的目的是成为圣贤之人，不是为了考试获取功名；

1. 请问你现在学习是为了什么？
2. 请问你最希望在学习中获得什么？

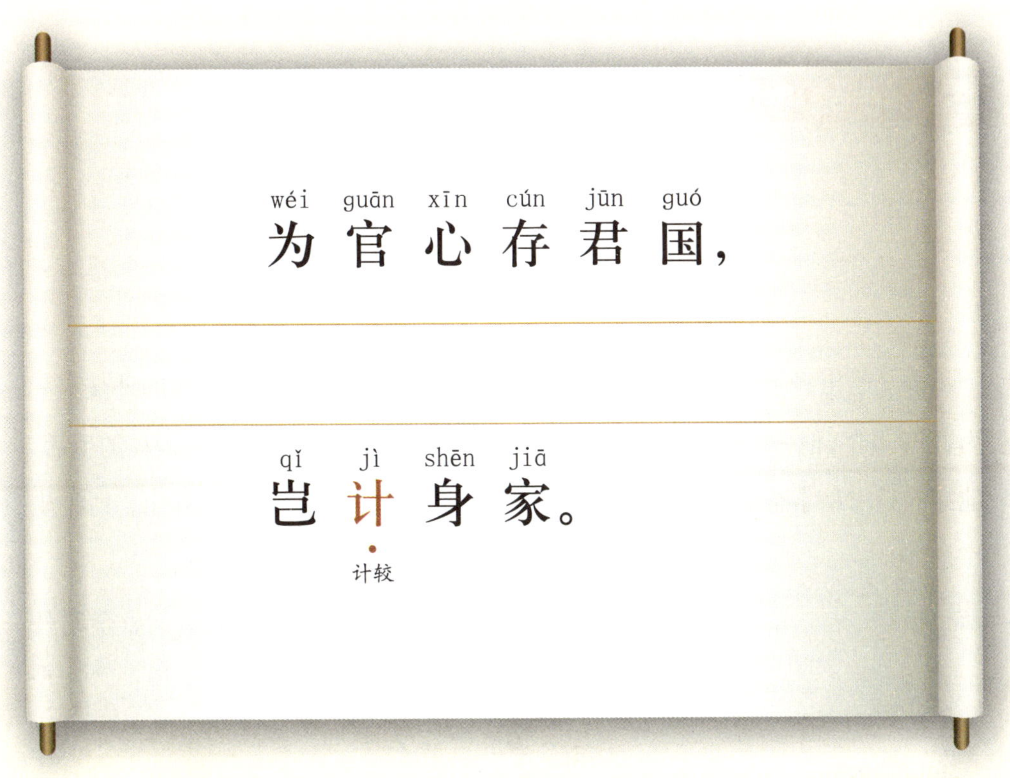

释义

做官要一心“忠君爱国”，不要计较个人的得失。

思考

1. 你最欣赏哪一位历史上的官吏，为什么？
2. 你认为爱国的好官员有什么特点？

讲故事懂道理

季文子的故事

季文子出身于三世为相的家庭，是春秋时代鲁国的贵族、著名的外交家。为官30多年，他一生俭朴，以节俭为立身的根本，并且要求家人也过俭朴的生活。他穿衣只求朴素整洁，除了朝服以外没有几件像样的衣服，每次外出，所乘坐的车马也极其简单。

见他如此节俭，有个叫仲孙的人就劝季文子说："你身为上卿，德高望重，这样不是显得太寒酸，让别国的人笑话您吗？这样做也有损于我们国家的体面，人家会说鲁国的上卿过的是一种什么样的日子啊！您为什么不改变一下这种生活方式呢？这于己于国都有好处，何乐而不为呢？"

季文子听后淡然一笑，对那人严肃地说："我也希望把家里布置得豪华典雅，但是看看我们国家的百姓，还有许多人吃着粗糙得难以下咽的食物，穿着破旧不堪的衣服，还有人正在受冻挨饿。想到这些，我怎能忍心去为自己添置家产呢？这哪里还有为官的良心！况且，我听说一个国家的富强与光荣，只能通过臣民的高洁品行表现出来，并不是以他们拥有美艳的妻妾和良骥骏马来评定的。既如此，我又怎能接受你的建议呢？”

这一番话，说得仲孙满脸羞愧之色，同时也让他对季文子更加敬重。此后，他也效仿季文子，生活十分简朴，他的妻妾只穿用普通布料做成的衣服，家里的马匹也只是用谷糠、杂草来喂养。

爸爸妈妈认为：

我认为：

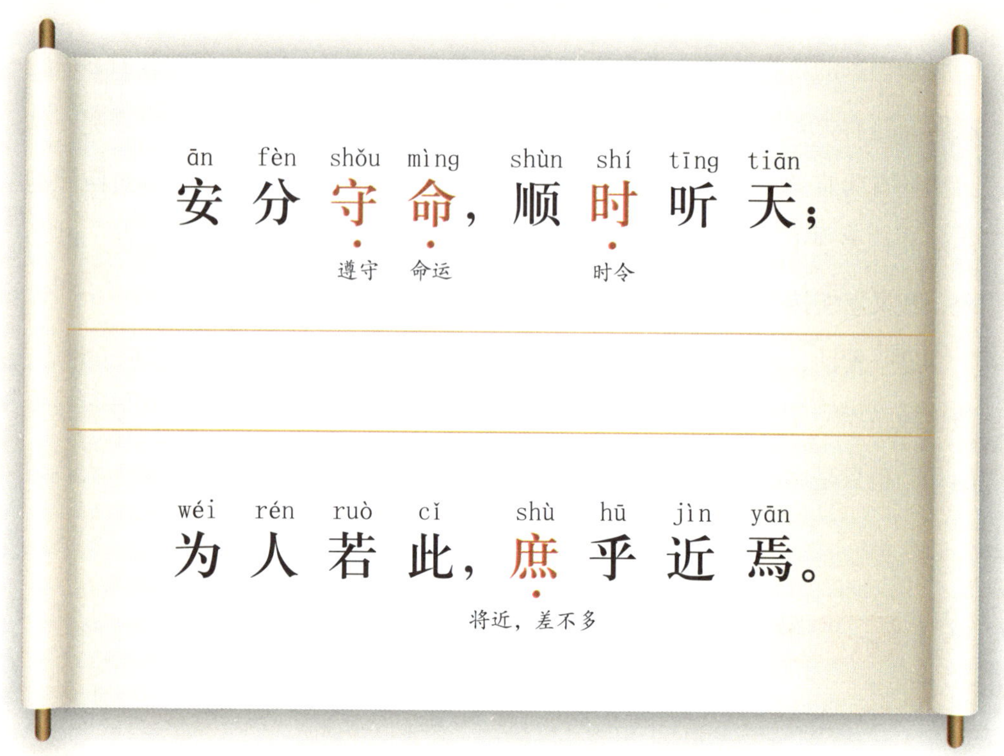

释义

守住做人的本分，顺从时令听从天意。如果都这样做人的话，那就近乎完美了。

思考

1. 请问你在家听爸爸妈妈的话，在学校听老师的话吗？
2. 你认为要听从命运的安排，还是向命运抗争？

顺木之天以致其性

郭橐驼以种树为职业，都城里的豪富人家修建观赏游览园林，以及卖水果的商人，都争相雇请他。看他所种的树，即使移植也没有不活的，而且高大茂盛，果实结得早而且多。其他种树的人即使偷偷察看模仿，也没有谁能赶上他。

有人问他种树的经验，他回答说：“我并不能使树木活得长久而且繁茂，只是能够顺应树木的自然生长规律，使它按照自己的本性成长罢了。凡是按树木的本性种植，树根要舒展，培土要均匀，土要用原有的，捣土要结实。这样做了之后，不要再动它，不要再担心它，离开后就不要再看它。在种树时，要像对待子女一样精心，如果放下了，要像丢弃了一样不管；那么树木的生长规律就可以保全，而它的本性就不会丧失了。所以我只是不妨害它的生长罢了，并不是有能力使它高大茂盛啊；我只是不抑制、不损耗它果实的成熟过程，并不是有能力使果实结得又早又多啊。而那些种了树就不闻不问，或者过度关心，用指甲划破树的皮来检验死活，摇动树根来查看它栽得是松是实，这样做根本不是关心爱护树，而是害它，恨它。”

童蒙须知

——朱熹版《朱子家训》解读本

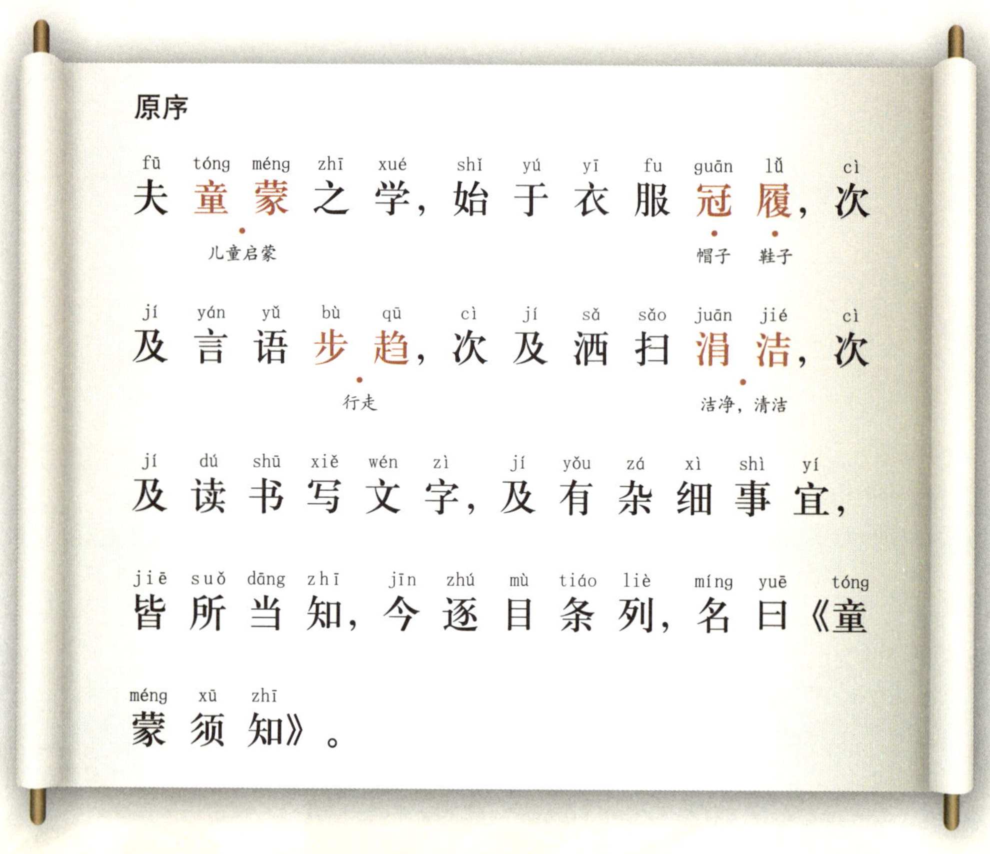

原序

fū tóng méng zhī xué, shǐ yú yī fu guān lǚ, cì jí yán yǔ bù qū, cì jí sǎ sǎo juān jié, cì jí dú shū xiě wén zì, jí yǒu zá xì shì yí, jiē suǒ dāng zhī, jīn zhú mù tiáo liè, míng yuē tóng méng xū zhī.

夫童蒙之学，始于衣服冠履，次及言语步趋，次及洒扫涓洁，次及读书写文字，及有杂细事宜，皆所当知，今逐目条列，名曰《童蒙须知》。

童蒙：儿童启蒙
冠：帽子
履：鞋子
步趋：行走
涓洁：洁净，清洁

释义

儿童启蒙之学，从穿衣戴帽开始，其次是言谈举止，还包括扫洒清洁，更涉及读书写字，以及各种杂事，每个孩子都应当懂得。今天逐条列出，成书名叫《童蒙须知》。

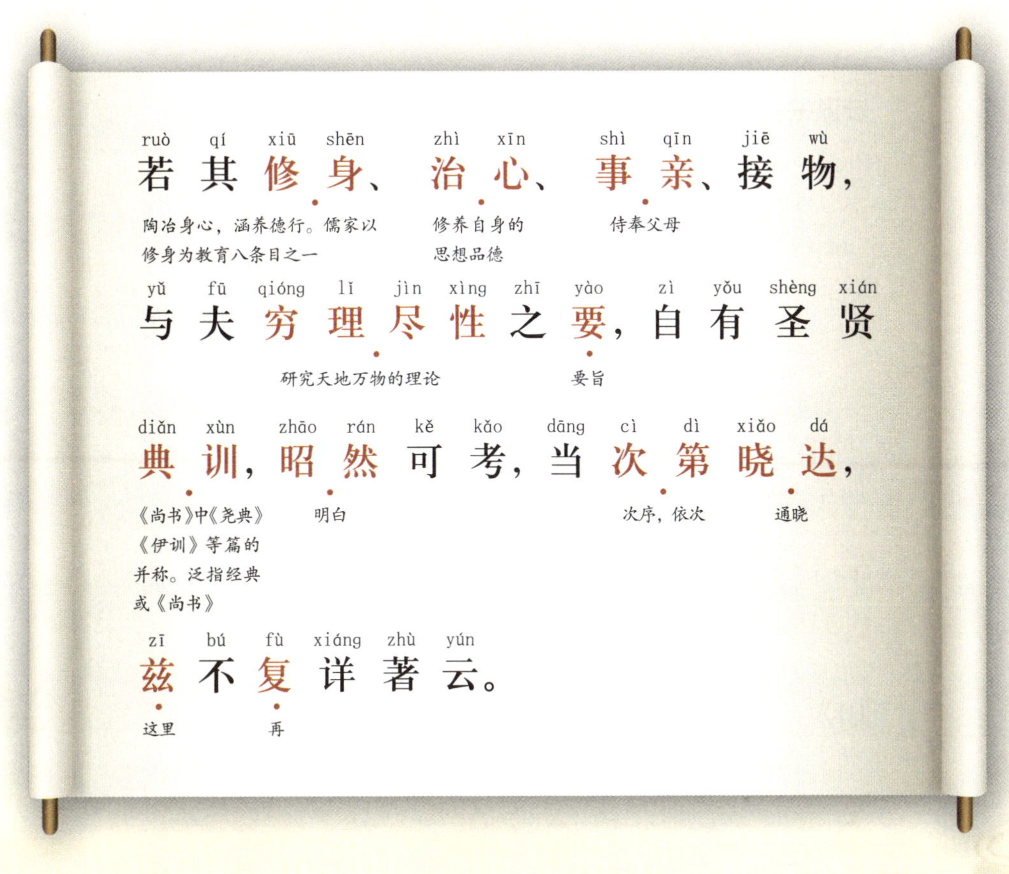

释 义

如果是陶冶身心、涵养德行、侍奉父母、待人接物，以及研究世间万物的理与性的关键，自有圣贤的训诫，明明白白的可以参考，只需循序渐进地通晓，在这里就不再多说了。

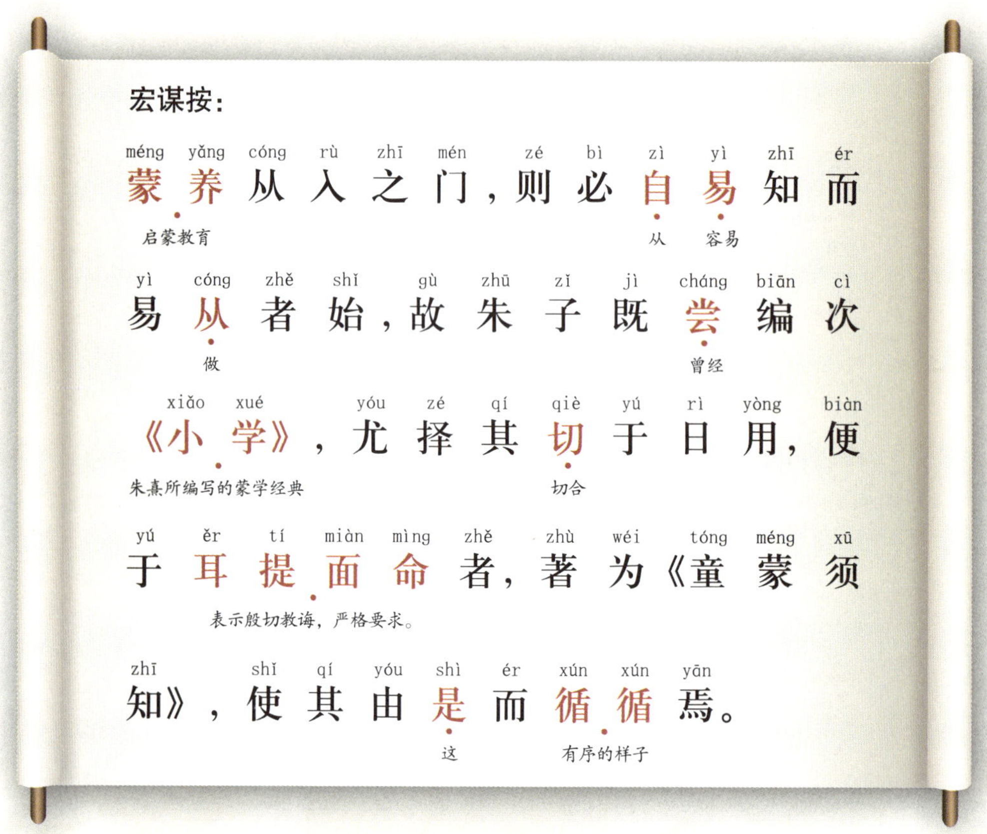

释义

儿童启蒙，必须从容易知晓、易于学习的内容开始。所以朱子编辑了蒙学经典《小学》之后，又选择那些切合日常运用和教诲的内容，编为《童蒙须知》，使孩子们从这里入门，而能够循序渐进地学习。

注：宏谋按，是清代名臣陈宏谋将《童蒙须知》编入教育教材《五种遗规·养正遗规》时加的“编者按”。

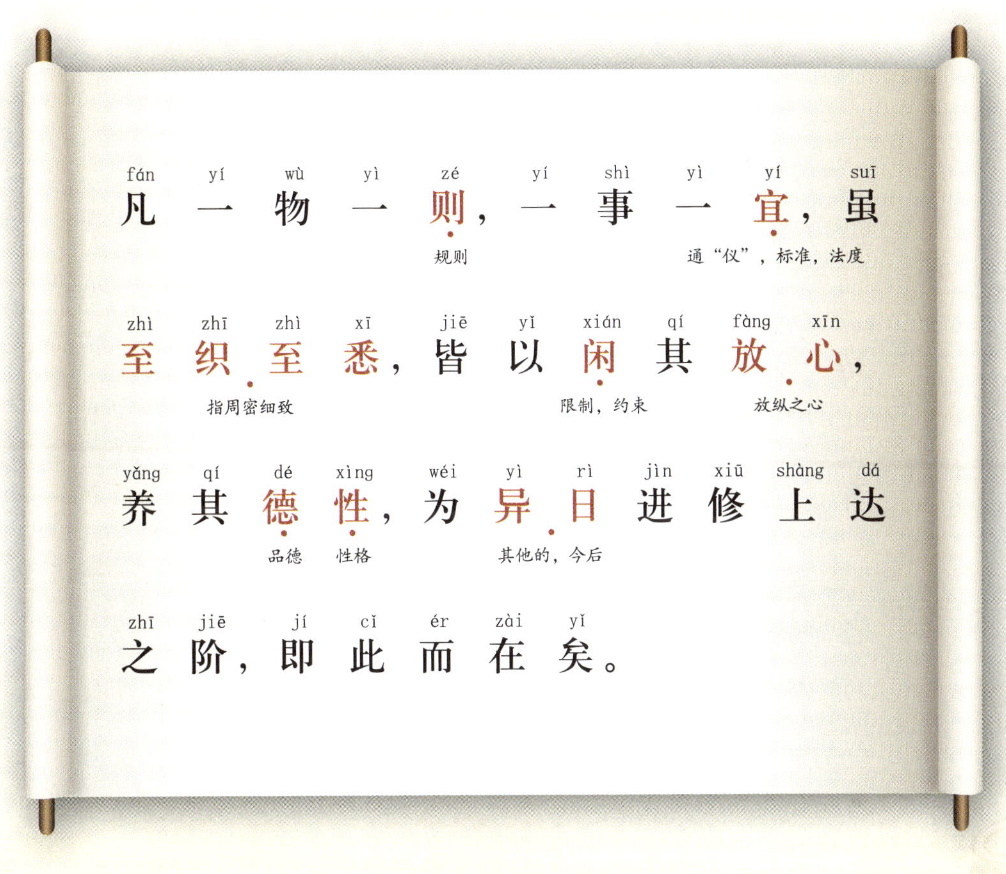

fán yí wù yì zé，yí shì yì yí，suī

凡一物一则，一事一宜，虽

则：规则　宜：通“仪”，标准，法度

zhì zhī zhì xī，jiē yǐ xián qí fàng xīn，

至织至悉，皆以闲其放心，

织：指周密细致　闲：限制，约束　放心：放纵之心

yǎng qí dé xìng，wéi yì rì jìn xiū shàng dá

养其德性，为异日进修上达

德：品德　性：性格　异日：其他的，今后

zhī jiē，jí cǐ ér zài yǐ。

之阶，即此而在矣。

释义

但凡每件事物，都有法度规则，无不细致周密。旨在约束放纵之心，涵养本身的德行，是之后进德修业、达到仁义境界的阶梯，教学的目的就在此地。

wú yuàn wéi fù xiōng zhě, wú shì wéi
吾愿为父兄者，毋视为

yì zhī ér jiào zhī bù yán; wéi zǐ dì
易知，而教之不严；为子弟

（易：容易；知：知晓，了解；教：教导）

zhě, gèng wú hū yǐ bù zú zhī, ér tīng
者，更毋忽以不足知，而听

zhī miǎo miǎo yě
之藐藐也。

（藐藐：冷漠轻视的样子）

我希望那些作父兄的，不要看到容易了解，就不严格要求；作为弟子的，更不要以为不需要学这些小事，而满不在乎。

衣服冠履第一

大抵为人，先要身体端整，自冠巾、衣服、鞋袜，皆须收拾爱护，常令洁净整齐。我先人常训子弟云："男子有三紧，谓头紧、腰紧、脚紧。"

dà dǐ wéi rén，xiān yào shēn tǐ duān zhěng，zì guān jīn、yī fu、xié wà，jiē xū shōu shi ài hù，cháng lìng jié jìng zhěng qí。wǒ xiān rén cháng xùn zǐ dì yún："nán zǐ yǒu sān jǐn，wèi tóu jǐn、yāo jǐn、jiǎo jǐn。"

大抵：大概　为人：做人　端整：端庄整齐　冠巾：头巾　先人：亡父

释义

做人首先要衣帽整齐、端正身体，从头巾、衣服，到鞋袜，都要收拾爱护，使之保持洁净整齐。先父常训诫弟子说："男人有三紧。"就是头紧、腰紧、脚紧。

tóu wèi tóu jīn wèi guàn zhě zǒng jì yāo wèi
头，谓头巾，未冠者，总髻；腰，谓

未冠：不满20岁的男子，古代20岁男子行成人礼，结发带冠

总髻：古时儿童束发为两结，向上分开，形状如角，又称总角。

yǐ tāo huò dài shù yāo jiǎo wèi xié wà cǐ sān
以绦或带束腰；脚，谓鞋袜。此三

zhě yào jǐn shù bù kě kuān màn kuān màn zé shēn
者，要紧束，不可宽慢；宽慢则身

宽慢：宽大松懈

tǐ fàng sì bù duān yán wéi rén suǒ qīng jiàn yǐ
体放肆、不端严，为人所轻贱矣。

端严：端庄、严谨

轻贱：轻视、看不起

释义

头，说的是扎好头巾，未成年人要扎好总髻；腰，说的是系好腰带，用绦或带束腰；脚，说的是穿合适的鞋袜。这三者，要扎紧，不可散乱。若散乱、不扎紧，身体就会散漫不端庄，被别人轻视。

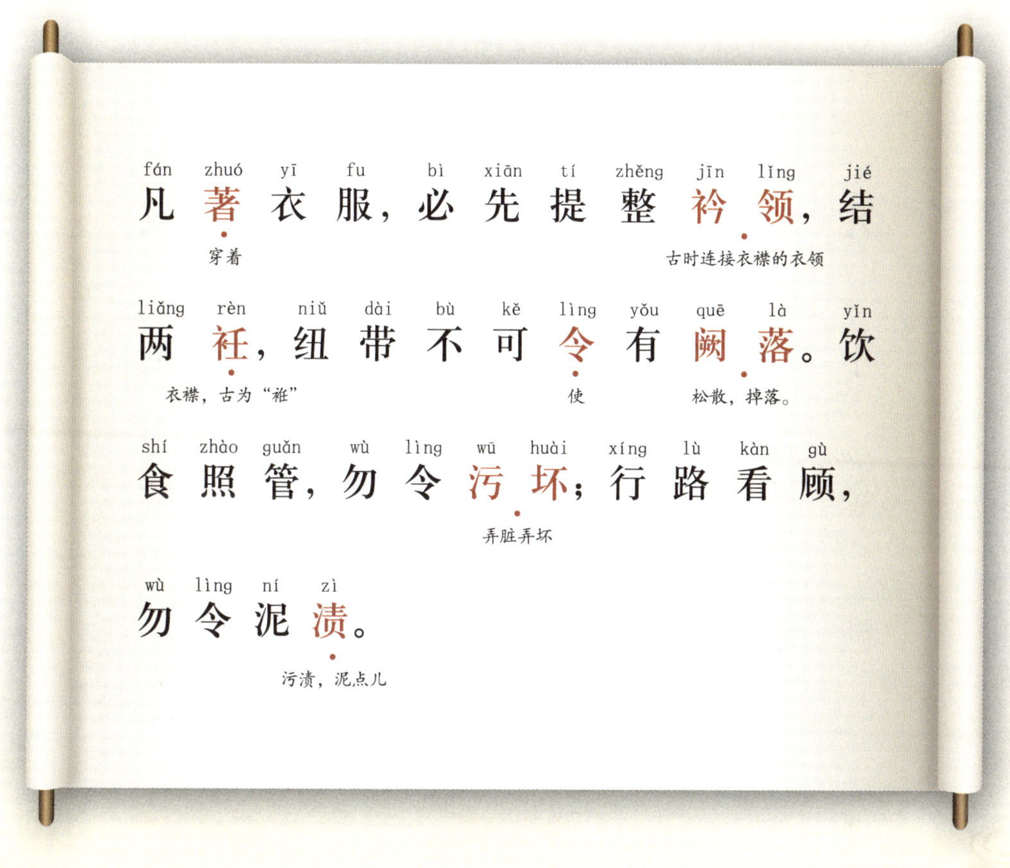

释 义

穿衣服，一定要先提整衣领，系好两襟的纽带，不可松松垮垮。吃饭时要照管好衣服，不要把衣服弄脏，走路时也要看管好，以免溅上泥点儿。

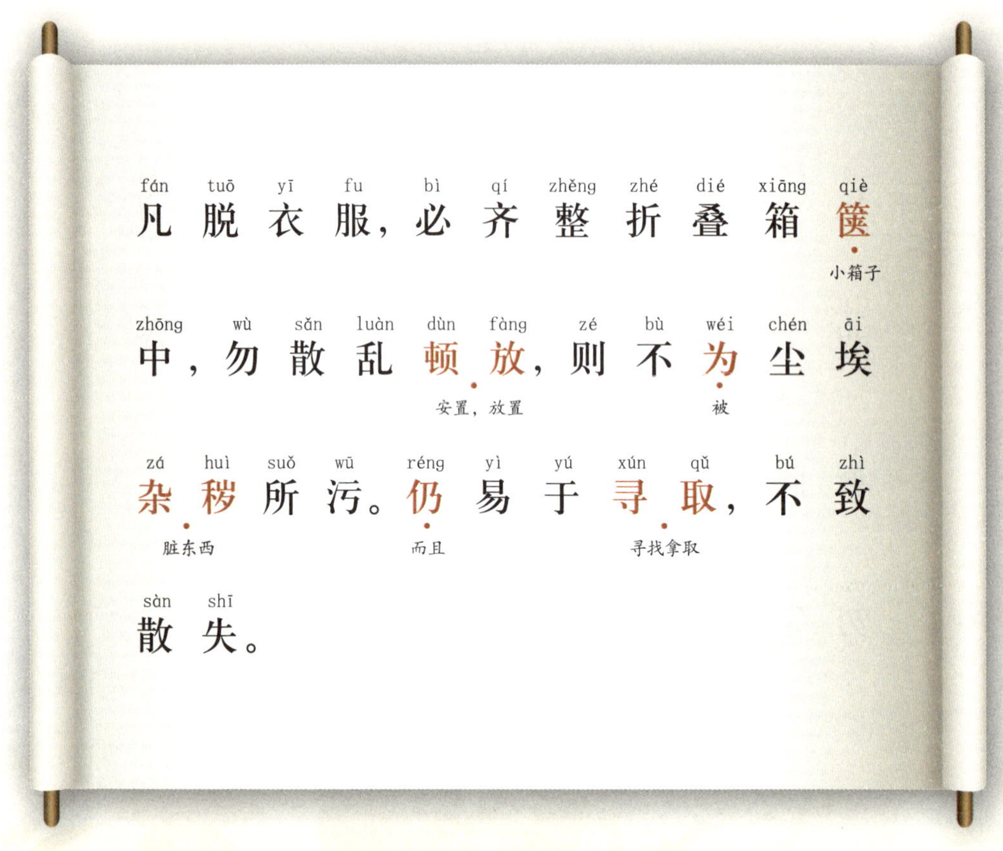

fán tuō yī fu，bì qí zhěng zhé dié xiāng qiè zhōng，wù sǎn luàn dùn fàng，zé bù wéi chén āi zá huì suǒ wū。réng yì yú xún qǔ，bú zhì sàn shī。

凡脱衣服，必齐整折叠箱箧中，勿散乱顿放，则不为尘埃杂秽所污。仍易于寻取，不致散失。

箧：小箱子

顿放：安置，放置

为：被

杂秽：脏东西

仍：而且

寻取：寻找拿取

释义

脱衣服，一定要整齐地折叠好放在箱子里，不要散乱放置，这样就不会弄脏。这样也容易寻找，不至于丢失。

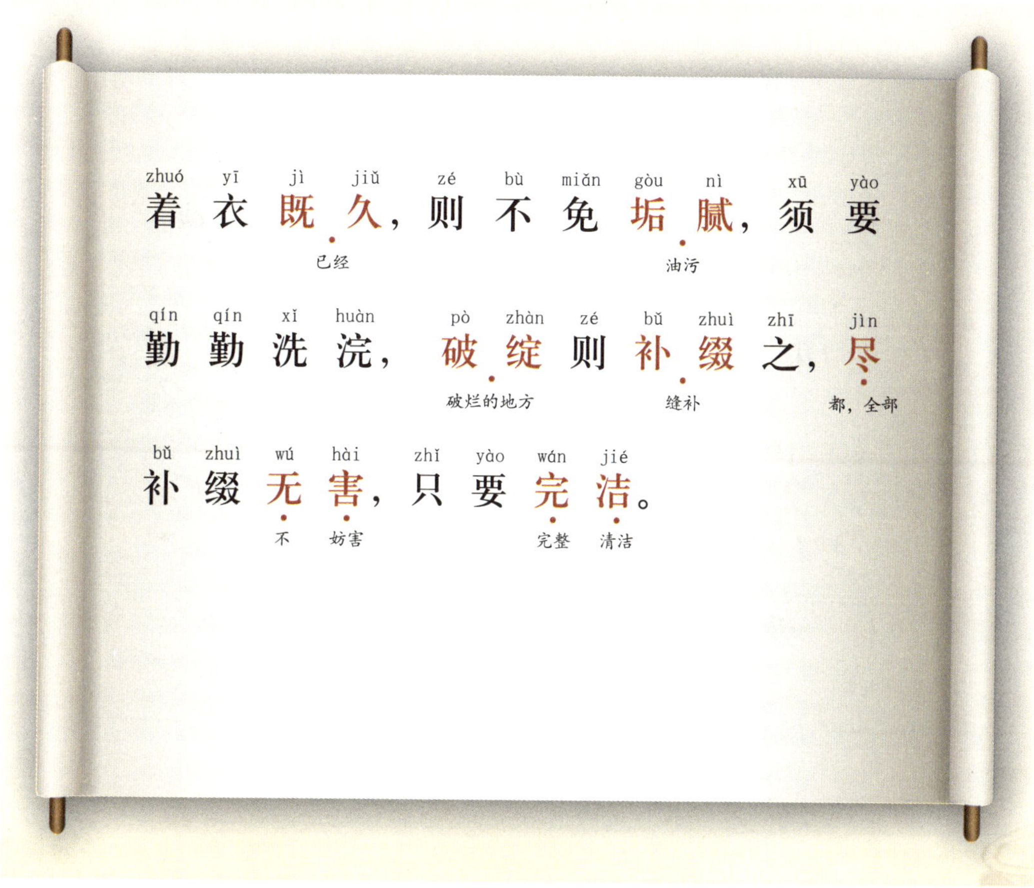

释义

衣服穿久了，就不免有污垢，一定要勤洗晾干。有破处就缝补，衣服有补丁没有什么，只要完整、洁净就好。

fán guàn miàn, bì yǐ jīn shuì zhē hù yī lǐng,
凡盥面，必以巾帨遮护衣领，

盥：浇水洗手，泛指洗　帨：手巾、毛巾

juǎn shù liǎng xiù, wù lìng yǒu suǒ shī。fán jiù
卷束两袖，勿令有所湿。凡就

就：从事

láo yì, bì qù shàng lóng yī fu, zhǐ zhuó duǎn
劳役，必去上笼衣服，只着短

役：劳动，操作之类的事情。　去：脱去　笼：外罩的　短：短装

biàn, ài hù wù shǐ sǔn wū。
便，爱护勿使损污。

便：便服

释义

凡是洗脸时，一定要用毛巾遮挡衣领，卷起两袖，以免沾湿衣服。每当劳动时，一定要脱去长衣，只穿短便服装，保护衣服不要受到损坏污染。

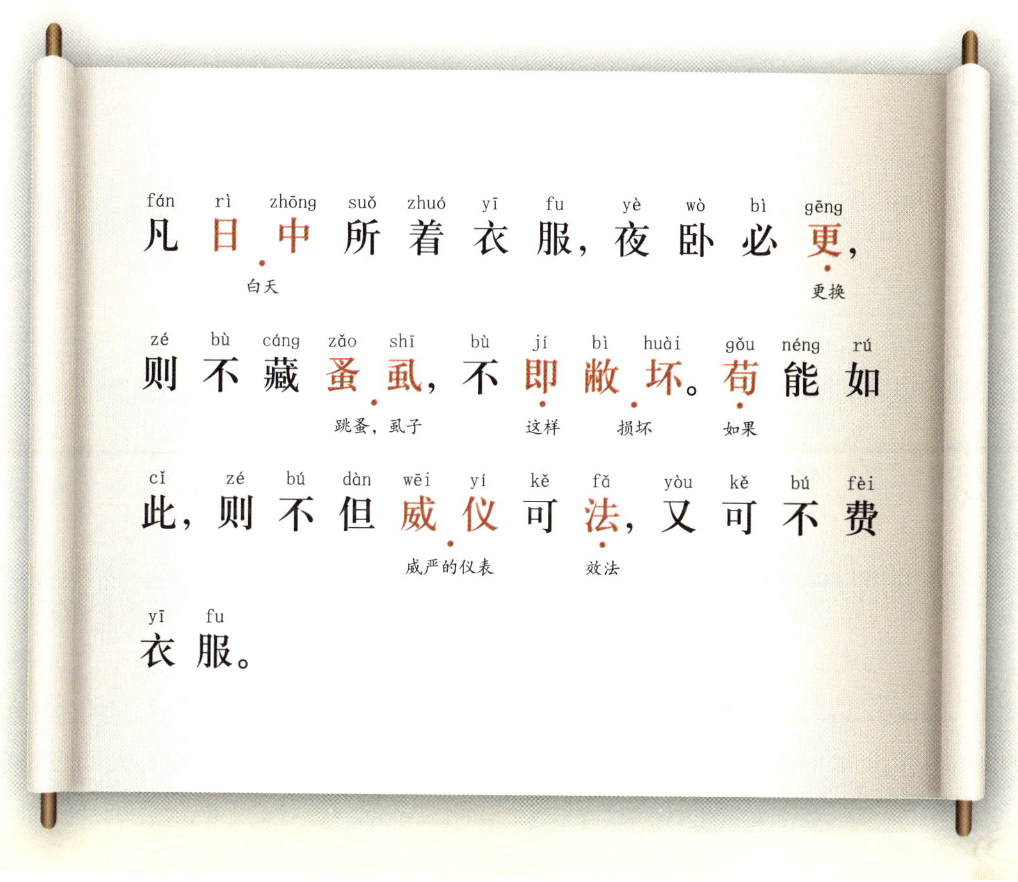

释义

凡是白天所穿的衣服，夜里睡觉前要更换下来，就不会藏虱子跳蚤，不这样做衣服就会损坏。如果能这样，则不但威仪可法，又能不浪费衣服。

yàn zǐ yì hú qiú sān shí nián, suī yì zài yǐ
晏子一狐裘三十年，虽意在以

晏子：名婴，字平仲，春秋时齐国三朝卿相，辅政长达50年。品行高洁，孔子称之为“君子”

狐裘：用狐皮制的外衣

jiǎn huà sú, yì qí ài xī yǒu dào yě。cǐ zuì
俭化俗，亦其爱惜有道也。此最

俭：简朴

化俗：感化世俗

道：方法

chì shēn zhī yào, wú hū。
饬身之要，毋忽。

饬：整顿

忽：疏忽

释义

晏子一件裘皮衣穿了三十多年。虽然晏子的故事其用意是以提倡简朴感化世俗，也是因他爱护有道。这是整饬自身的关键，不要忽视。

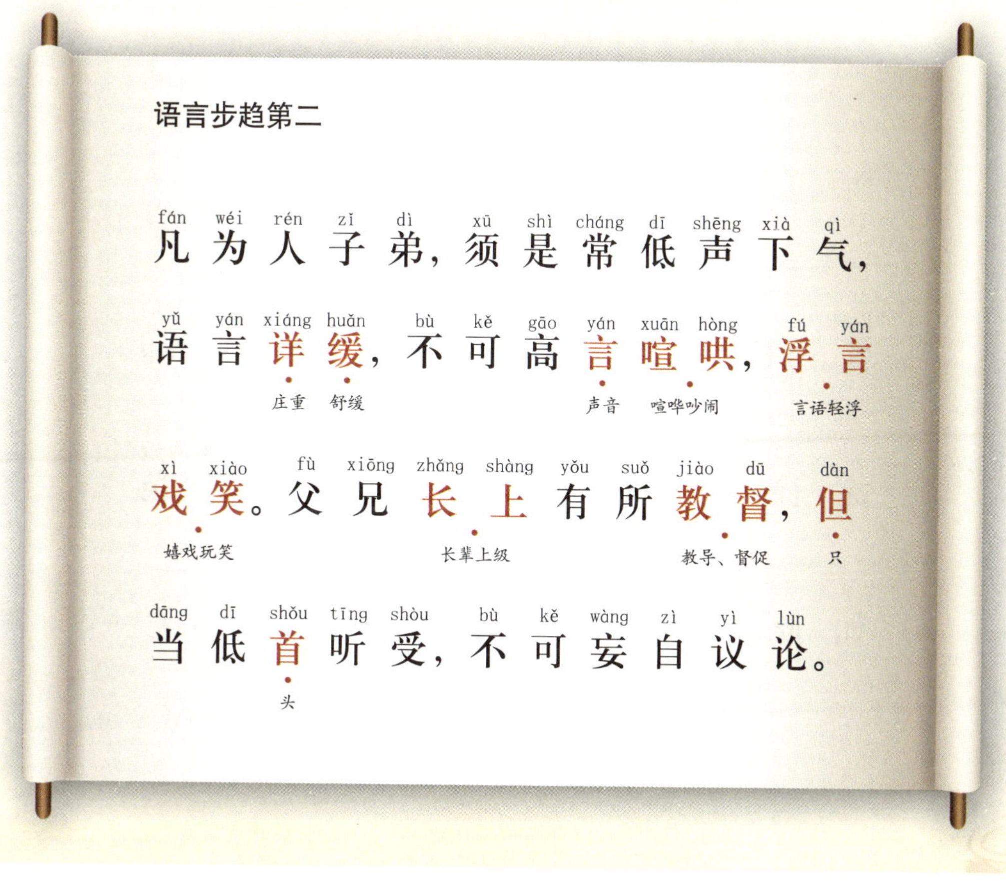

释义

凡是为人子弟，态度要谦逊有礼，说话庄重和缓，不可高声喧闹，玩笑嬉戏。对父兄师长的教导、督促，要虚心接受，不要妄加评论。

zhǎng shàng jiǎn zé, huò yǒu guò wù, bù kě
长上检责，或有过误，不可
长辈，上级　检查，责问　过失　错误

biàn zì fēn jiě, gū qiě yǐn mò。 jiǔ què
便自分解，姑且隐默。久却
马上　分辩，解释　沉默，不言

xú xú xì yì tiáo chén, yún cǐ shì kǒng shì
徐徐细意条陈，云此事恐是
慢慢　细心　逐条陈述

rú cǐ, xiàng zhě dāng shì ǒu ěr yí wàng;
如此，向者当是偶尔遗忘；
从前

释 义

师长检查，肯定会有出错的时候，不要马上辩解，先沉默不言。过段时间再慢慢分析解释：“这件事情可能是这样的，之前您或许偶尔忘记了。”

huò yuē dāng shì ǒu ěr sī xǐng wèi zhì
或曰：当是偶尔思省未至。
（省：考虑）

ruò ěr zé wú shāng wǔ shì lǐ zì míng
若尔，则无伤忤，事理自明。
（尔：如此，如果这样。忤：违逆）

zhì yú péng you fèn shàng yì dāng rú cǐ
至于朋友分上，亦当如此。
（亦：也）

释 义

或者说：“应当是您偶然没考虑到。”如果这样做，就不会忤逆师长，事情的道理也自然明了了。对待朋友，也应当这样做。

fán wén rén suǒ wéi bú shàn, xià zhì bì pú
凡闻人所为不善，下至婢仆

为：做

wéi guò, yí qiě bāo cáng, bù yīng biàn ěr
违过，宜且包藏，不应便尔

违过：过失　包藏：包容　便尔：立即

shēng yán, dāng xiāng gào yǔ, shǐ qí zhī gǎi。
声言，当相告语，使其知改。

言：声张　改：改正

释义

凡是听到别人不好的事，即使下到婢女、仆人，也应当包涵，不要马上声张，应当私下沟通，让他改正错误。

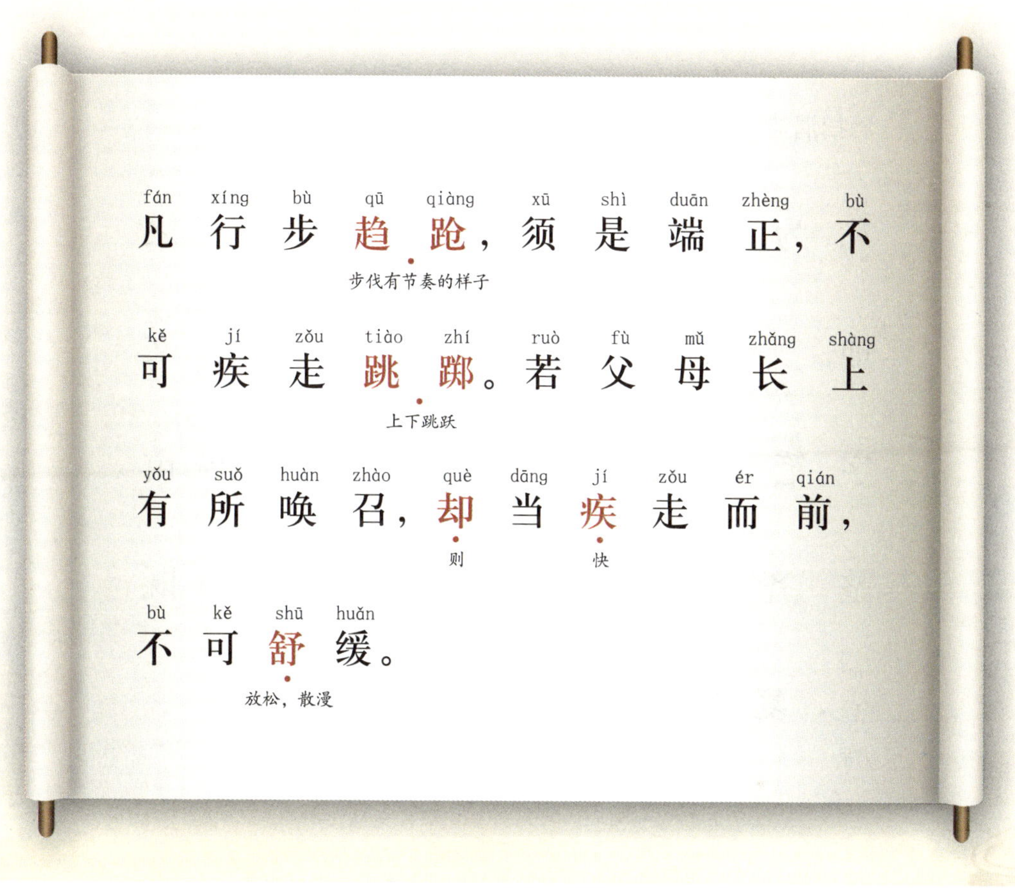

释义

走路时步伐稳健、身形端正，不能走太快，奔跑跳跃。但如果是父母师长召你前往，则应该加快步子，不可松散迟缓。

洒扫涓洁第三

fán wéi rén zǐ dì, dāng sǎ sǎo jū chù zhī
凡为人子弟，当洒扫居处之

（居处：住处）

dì, fú shì jī àn, dāng lìng jié jìng. wén
地，拂拭几案，当令洁净。文

（拂拭：擦拭，除去尘埃）

zì bǐ yàn, fán bǎi qì yòng, jiē dāng yán sù
字笔砚，凡百器用，皆当严肃

（砚：砚台；凡百：所有；器用：器物用品；皆：都是）

zhěng qí, dùn fàng yǒu cháng chù, qǔ yòng jì
整齐，顿放有常处，取用既

（常处：固定的地方）

bì, fù zhì yuán suǒ.
毕，复置元所。

（毕：完毕；元：原来的）

释义

凡是为人子弟，都应当保持住处的卫生，擦拭桌子茶几，使其整洁干净。书本、案卷、笔砚等一切用具，都要摆放整齐，放在固定的地方，使用完毕，再放回原处。

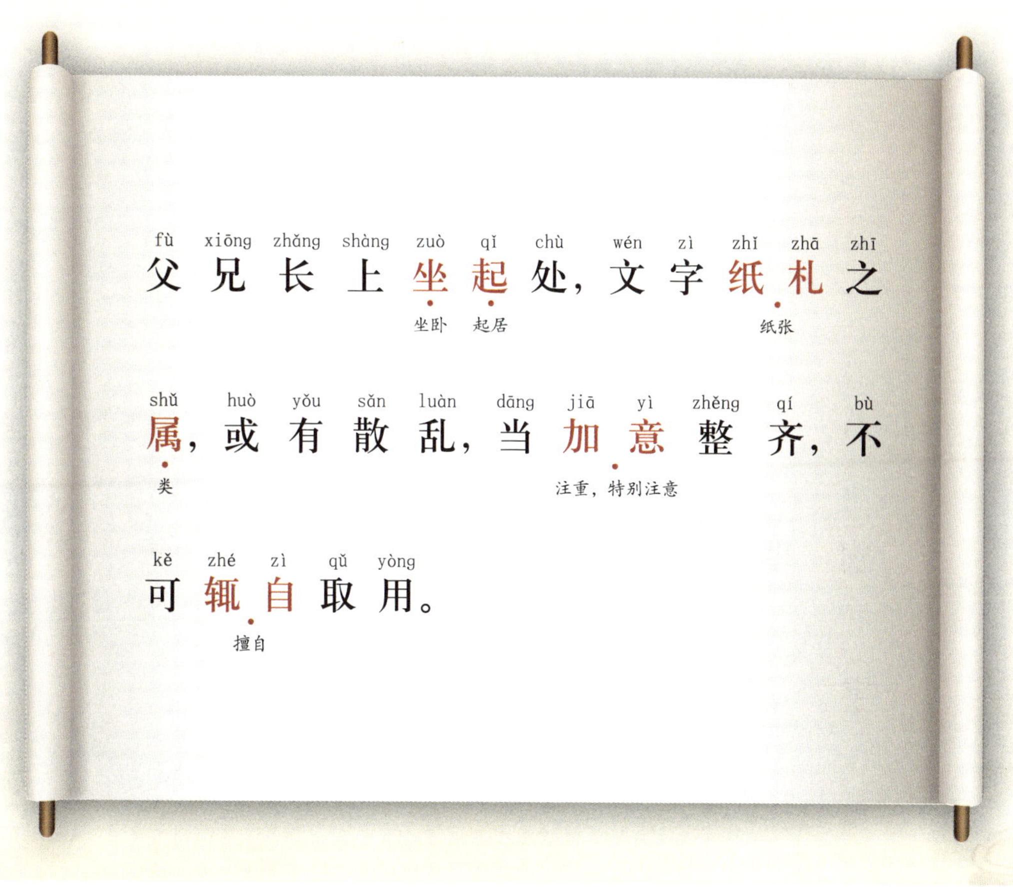

释义

父兄师长起居处，书本纸张之类如果有散乱，应当留心整理好，不可擅自取用。

fán jiè rén wén zì, jiē zhì bù chāo lù zhǔ míng, jí shí qǔ huán。

凡借人文字，皆置（设置）簿（本册）抄录主（指文字原主人）名，及时取还（归还）。

chuāng bì、jī àn、wén zì jiān, bù kě shū zì。

窗壁、几案、文字间，不可书（写）字。

释义

凡是从别人那借来的书卷、资料，都要用册子抄录下主人的名字，及时归还。窗户、墙壁、桌案、案卷之上，不可随意写字。

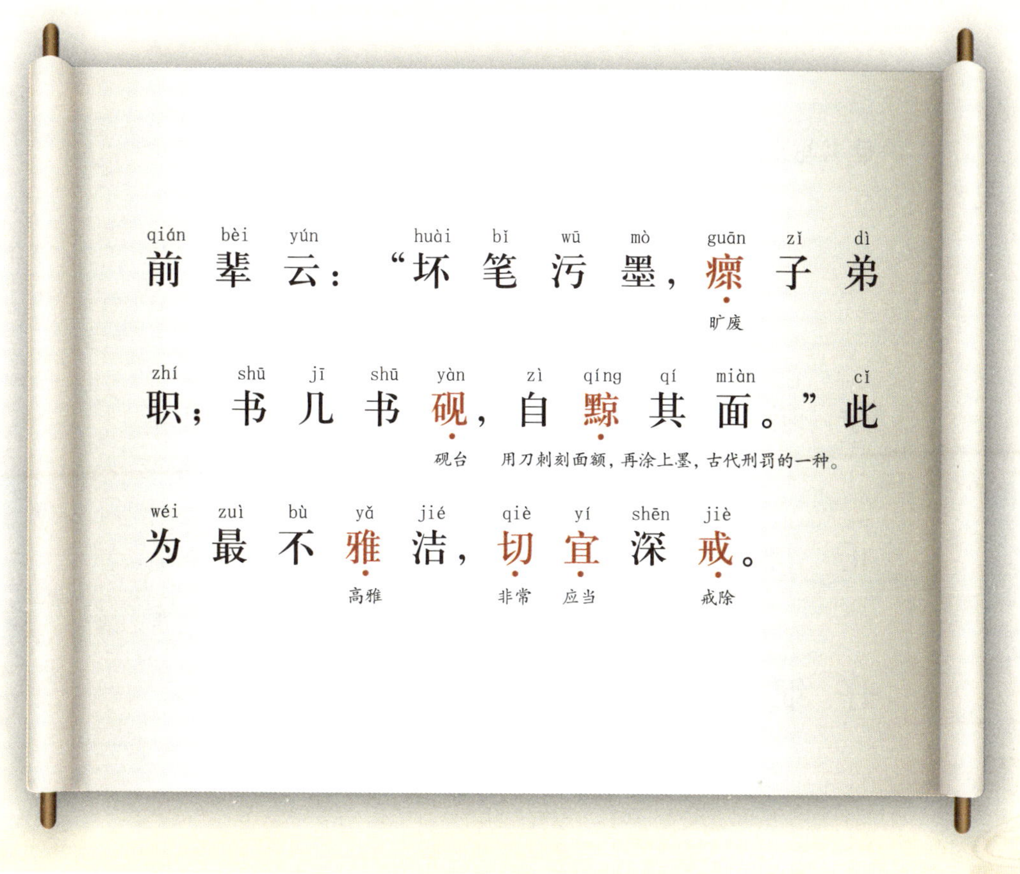

释 义

前辈说，弄坏笔、使墨污，是弟子不称职的表现；在书桌砚台上面刺刻、涂抹，如同在自己脸上刻划。这是最不雅的，一定要戒除。

读书写文字第四

fán dú shū, xū zhěng dùn jī àn; lìng jié
凡读书，须整顿几案；令洁

整理（整顿）

jìng duān zhèng. jiāng shū cè zhěng qí dùn fàng,
净端正。将书册整齐顿放，

zhèng shēn tǐ duì shū cè, xiáng huǎn kàn zì,
正身体对书册，详缓看字，

仔细（详） 慢慢（缓）

zǐ xì fēn míng.
仔细分明。

释义

每当读书时，先要整理几案，将其擦拭干净，摆放端正。将书册整齐放好，身体坐端正，一字一句都要仔细地阅读。

读之，须要读得字字响亮，不可误一字，不可少一字，不可多一字，不可倒一字，不可牵强暗记。只是要多诵遍数，自然上口，久远不忘。

倒：颠倒　牵强：勉强　暗记：默记

释义

朗读时，每个字都要读得响亮。不可错一字，不可少一字，不可多一字，不可倒一字；不要勉强背诵，只要一遍遍地多读，读得熟练了自然能长久不忘。

gǔ rén yún dú shū qiān biàn qí yì zì xiàn wèi shú dú zé bú dài jiě shuō zì xiǎo qí yì yě

古人云："读书千遍，其义自见。"谓熟读，则不待解说，自晓其义也。

见：同"现"
晓：明白、知晓
义：意义

yú cháng wèi dú shū yǒu sān dào wèi xīn dào yǎn dào kǒu dào

余尝谓读书有"三到"，谓心到、眼到、口到。

余：我
尝：曾经

释义

古人说："读书千遍，其义自见。"意思是书读得熟了，无须老师讲解，自然就知道它的意思了。我曾经说过读书要"三到"，即心到、眼到、口到。

xīn bú zài cǐ, zé yǎn bú kàn zǐ xì,
心不在此，则眼不看仔细，

xīn yǎn jì bù zhuān yī, què zhǐ màn làng sòng
心眼既不专一，却只漫浪诵

漫浪：这里是随意的意思

dú, jué bù néng jì, jì yì bù néng jiǔ
读，决不能记，记亦不能久

记：记住

yě. sān dào zhī fǎ, xīn dào zuì jí, xīn
也。三到之法，心到最急，心

急：紧要

jì dào yǐ, yǎn kǒu qǐ bú dào hū?
既到矣，眼口岂不到乎？

释义

心如果不在这，眼睛就不会看仔细，心、眼都不专一，却只是高一声低一声地随意诵读，绝对不会记住，就算记住了也不会记得长久。“三到”之中，心到最重要，心如果到了，眼、口岂有不到之理？

fán shū cè, xū yào ài hù, bù kě sǔn wū
凡书册，须要爱护，不可损污

zhòu zhé. jì yáng jiāng lù, shū dú wèi wán,
皱折。济阳江禄，书读未完，

济阳：今河南兰考境内
江禄：南朝梁人，湘东王参军，擅长书法，弹琴

suī yǒu jí sù, bì dài yǎn shù zhěng qí,
虽有急速，必待掩束整齐，

急速：指仓促间发生的事
掩束：掩盖，绑扎

rán hòu qǐ. cǐ zuì wéi kě fǎ.
然后起。此最为可法。

起：起身
法：效法

释义

凡是图书，都要爱护，不可损坏弄脏弄皱折。济阳人江禄书未读完时，即使有紧急的事情，也一定要把书册卷扎整齐后再起身，这是非常值得效仿的。

fán xiě wén zì, xū gāo zhí mò dìng, duān
凡写文字，须高执墨锭，端

zhèng yán mó, wù shǐ mò zhī wū shǒu. gāo
正研磨，勿使墨汁污手。高

研磨：细细地磨

zhí bǐ, shuāng gōu, duān kǎi shū zì, bù dé
执笔，双钩，端楷书字，不得

双钩：为学书法者的一种临帖方法　端：端正，直　楷：法则，典范　书：写

lìng shǒu kāi zhe háo.
令手揩著豪。

令：让　揩：擦拭，这里是接触的意思　豪：毛笔尖

释义

凡是写字时，必须拿着墨锭的上端，端端正正地研墨，不要让墨汁沾到手上。手要握住毛笔的上端，双钩临帖时，端端正正地按照规范书写，握笔的手指不可碰到毛笔尖。

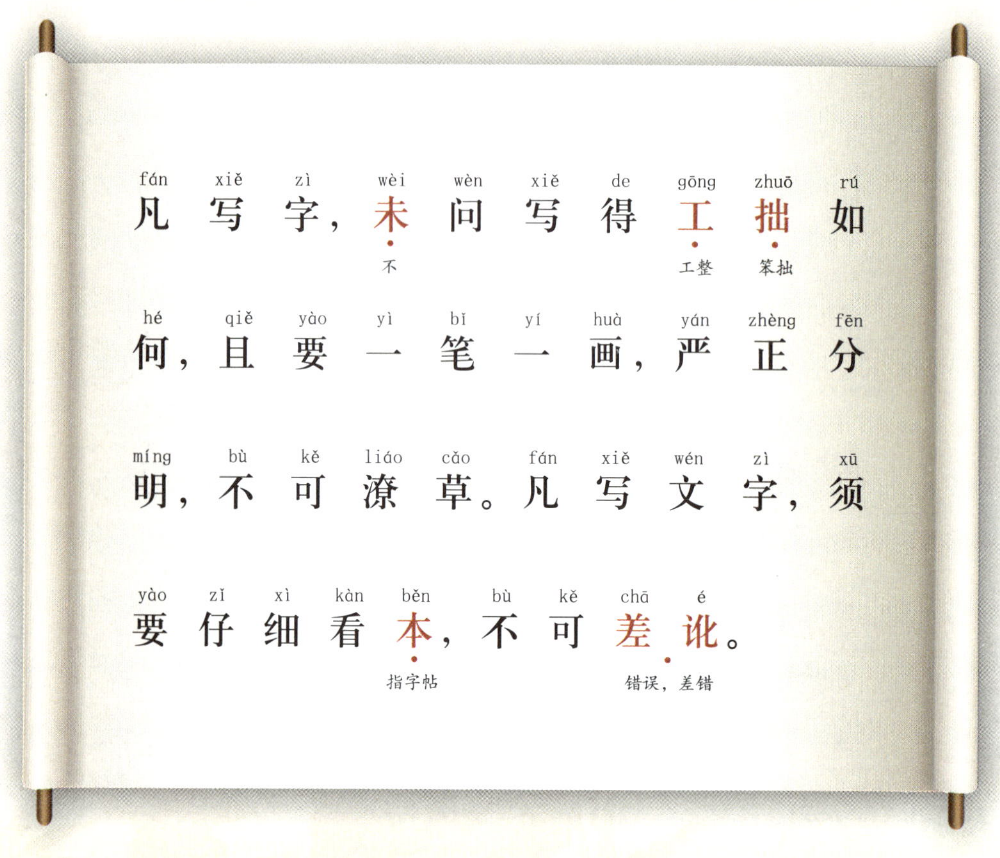

释义

凡是写字，不管字写得是否漂亮，都要一笔一画地写，做到字体端正，横平竖直，不可潦草。临写字帖则要仔细对照原帖，不能出现差错。

杂细事宜第五

fán zǐ dì，xū yào zǎo qǐ yàn mián。fán xuān

凡子弟，须要早起晏眠。凡喧

（晏：晚，迟）

hòng zhēng dòu zhī chù，bù kě jìn，wú yì zhī

哄争斗之处，不可近，无益之

（近：靠近；益：好处）

shì，bù kě wéi，wèi rú dǔ bó、lóng yǎng、

事，不可为，谓如赌博、笼养、

（笼养：养宠物）

dǎ qiú、tī qiú、fàng fēng qín děng shì。

打球、踢球、放风禽等事。

释义

为人子弟，一定要早起晚睡。凡是喧闹争斗的地方，不要靠近，没有益处的事情不要做，比如赌博、养宠物、打球、踢球、放风筝等。（今天有不同观点哦。）

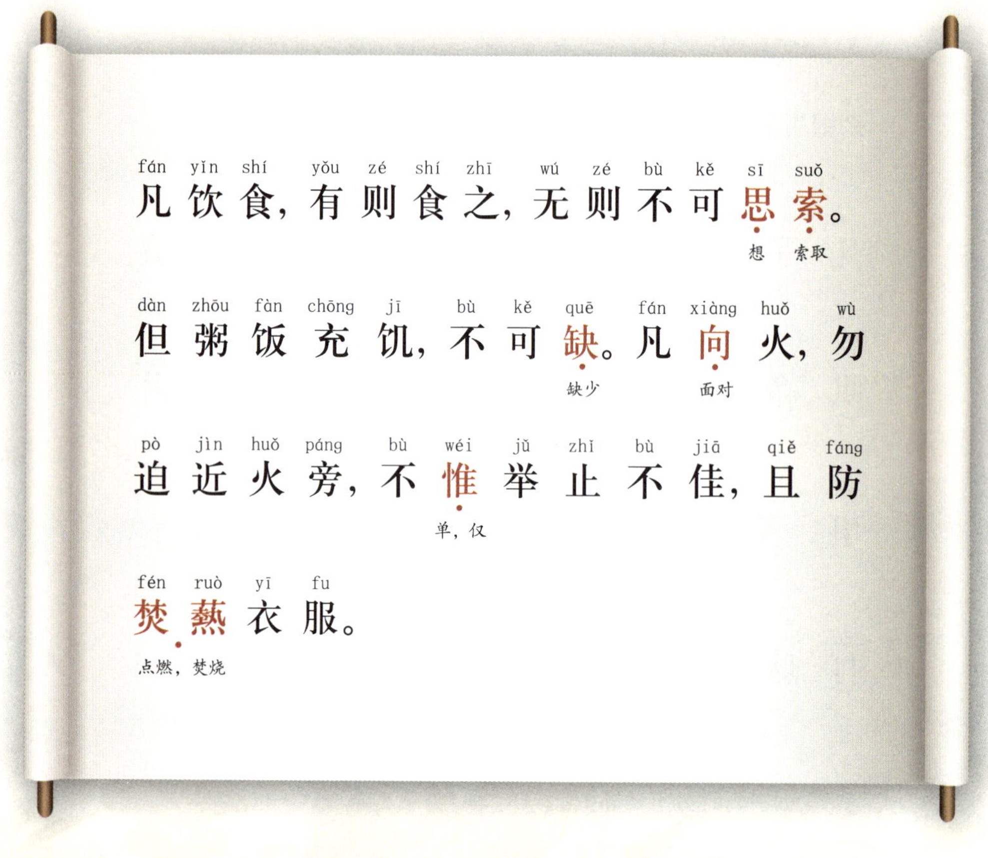

释义

凡是吃饭，有就吃，没有就不要想着索求。但是粥饭等充饥之物，不可缺少。对着火时，不要太靠近火，这样不只是举止不雅，还要防止烧毁衣服。

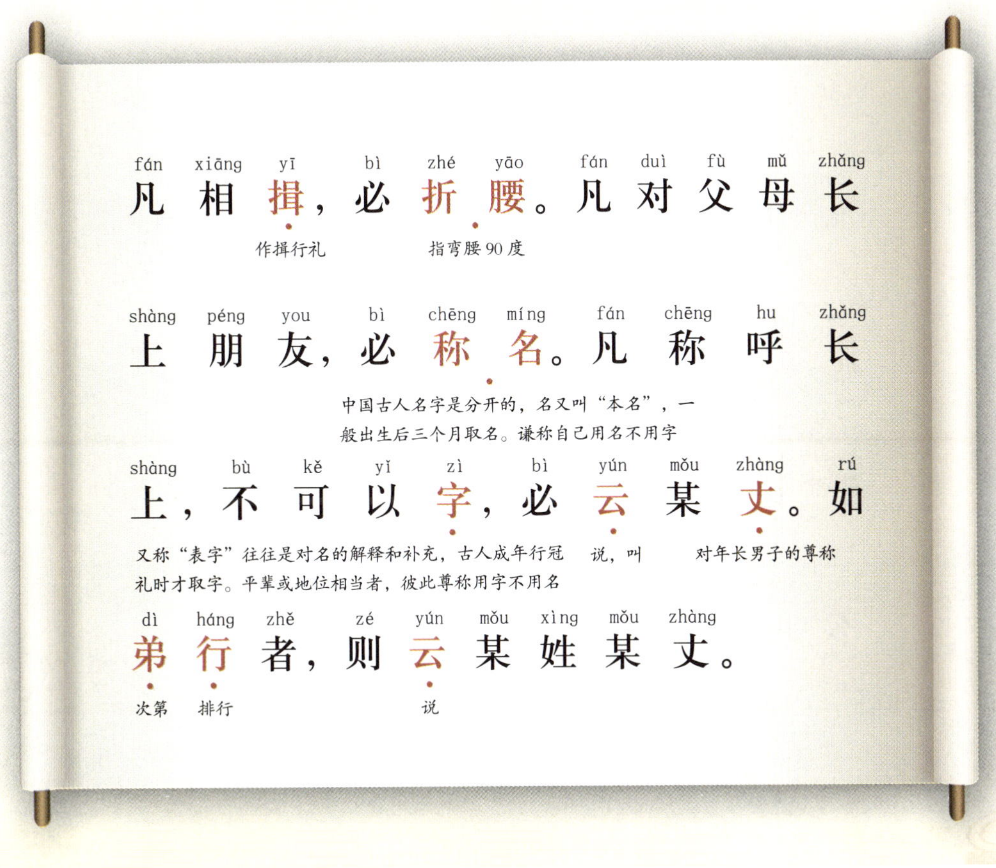

fán xiāng yī bì zhé yāo fán duì fù mǔ zhǎng
凡相揖，必折腰。凡对父母长

作揖行礼　指弯腰 90 度

shàng péng you bì chēng míng fán chēng hu zhǎng
上朋友，必称名。凡称呼长

中国古人名字是分开的，名又叫“本名”，一般出生后三个月取名。谦称自己用名不用字

shàng bù kě yǐ zì bì yún mǒu zhàng rú
上，不可以字，必云某丈。如

又称“表字”往往是对名的解释和补充，古人成年行冠礼时才取字。平辈或地位相当者，彼此尊称用字不用名　说，叫　对年长男子的尊称

dì háng zhě zé yún mǒu xìng mǒu zhàng
弟行者，则云某姓某丈。

次第　排行　说

释义

相互作揖时，一定要弯腰行礼。面对父母师长朋友时，必须以自己的名自称，而不能说“我”。称呼师长，不可以直呼对方的字，一定要用“某丈”这样的敬称，如张丈、李丈；如果是亲友中有排行第几的，则称呼为某姓某丈，如张三丈、李四丈。

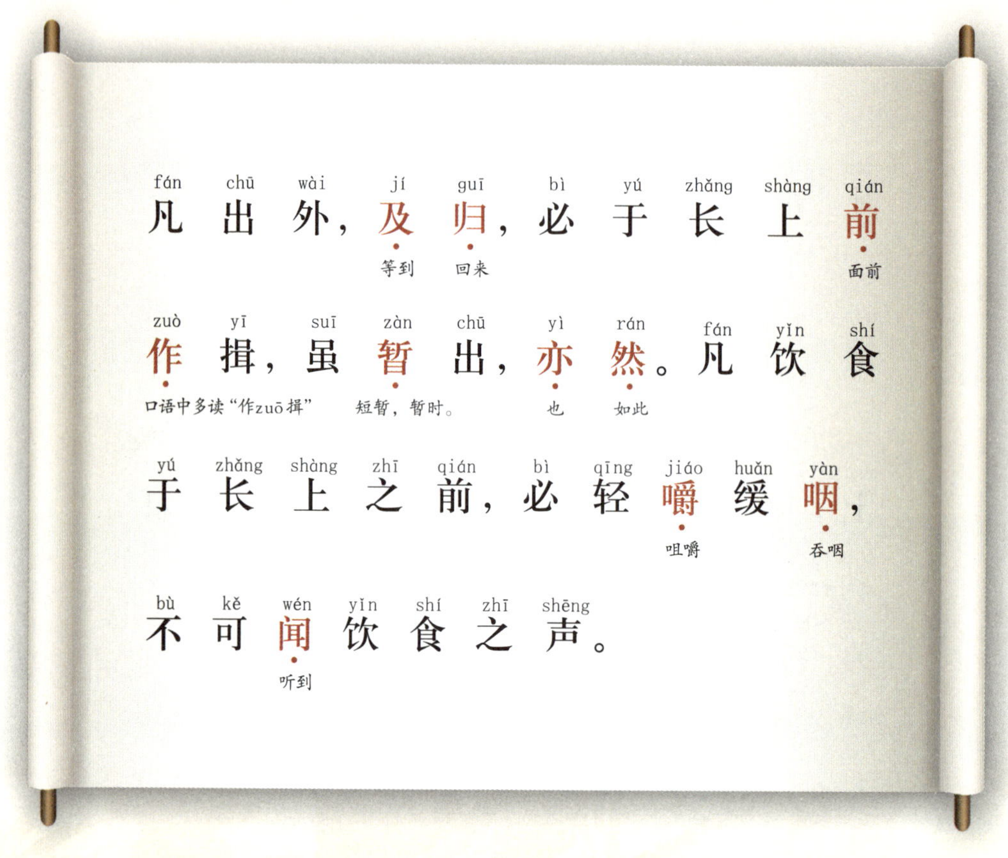

释义

凡是外出，等到回来，一定要向长辈说明事由并行礼。即使是暂时外出回来，也一样。在长辈面前就餐，一定要细嚼慢咽，不能让人听到咀嚼的声音。

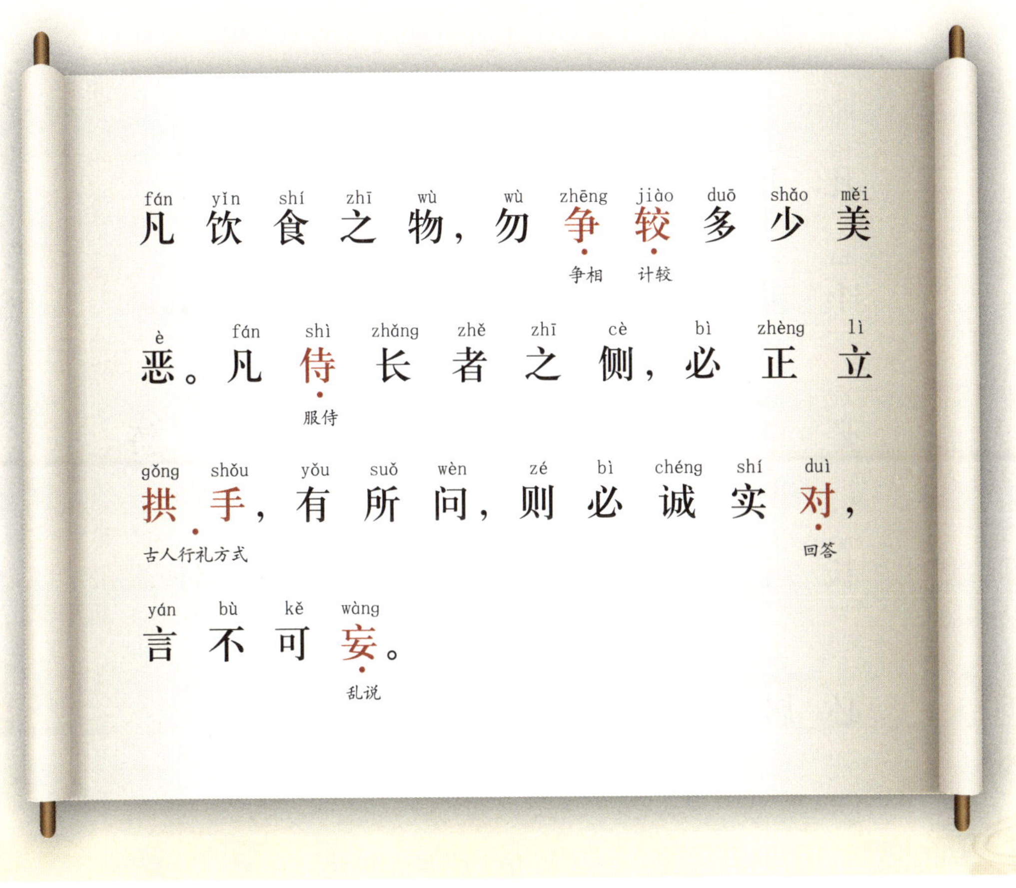

释义

对所吃的食物，不要计较多少和是否好吃。侍立在长辈身旁，一定要立正站直行拱手礼，长辈询问时，一定要诚实回答，不能乱说。

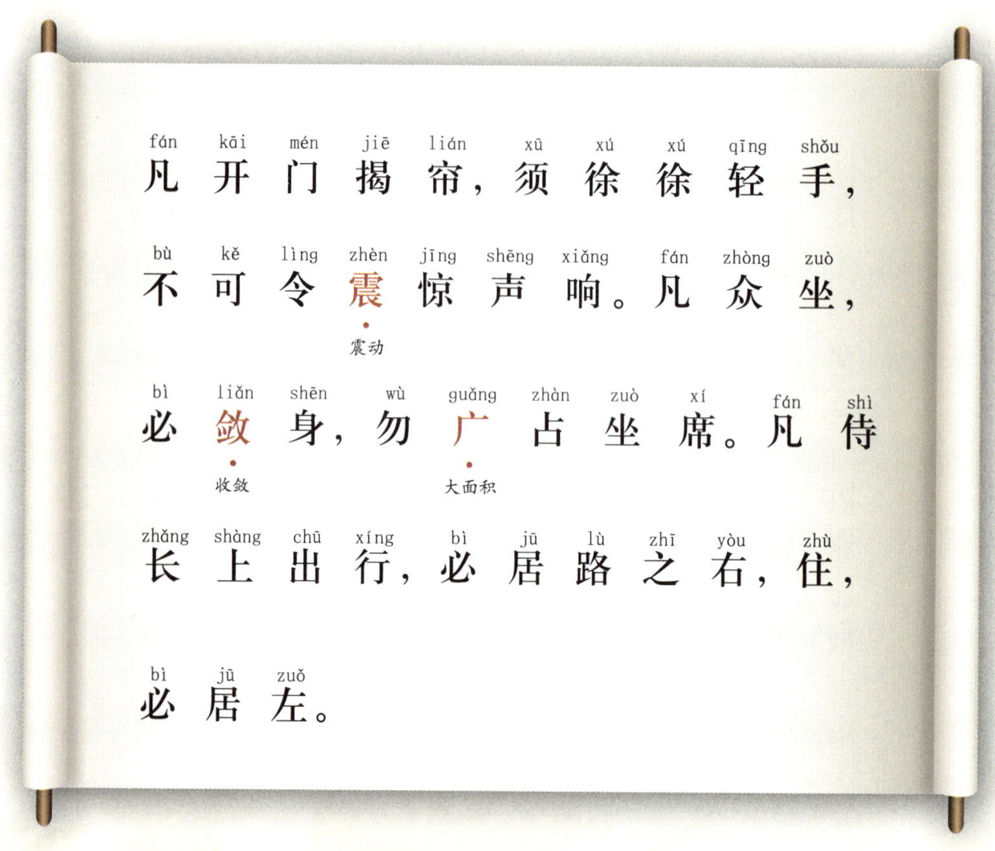

fán kāi mén jiē lián, xū xú xú qīng shǒu,
凡开门揭帘，须徐徐轻手，

bù kě lìng zhèn jīng shēng xiǎng. fán zhòng zuò,
不可令震惊声响。凡众坐，

震：震动

bì liǎn shēn, wù guǎng zhàn zuò xí. fán shì
必敛身，勿广占坐席。凡侍

敛：收敛　广：大面积

zhǎng shàng chū xíng, bì jū lù zhī yòu, zhù,
长上出行，必居路之右，住，

bì jū zuǒ.
必居左。

释义

进门掀门帘时，一定要慢，手要轻，不可发出声响让人受惊。众人就坐时，一定要收敛身体，不要多占了席位。侍奉长辈出行，一定要走在路的右侧，歇息时，则一定要站在长辈左边。

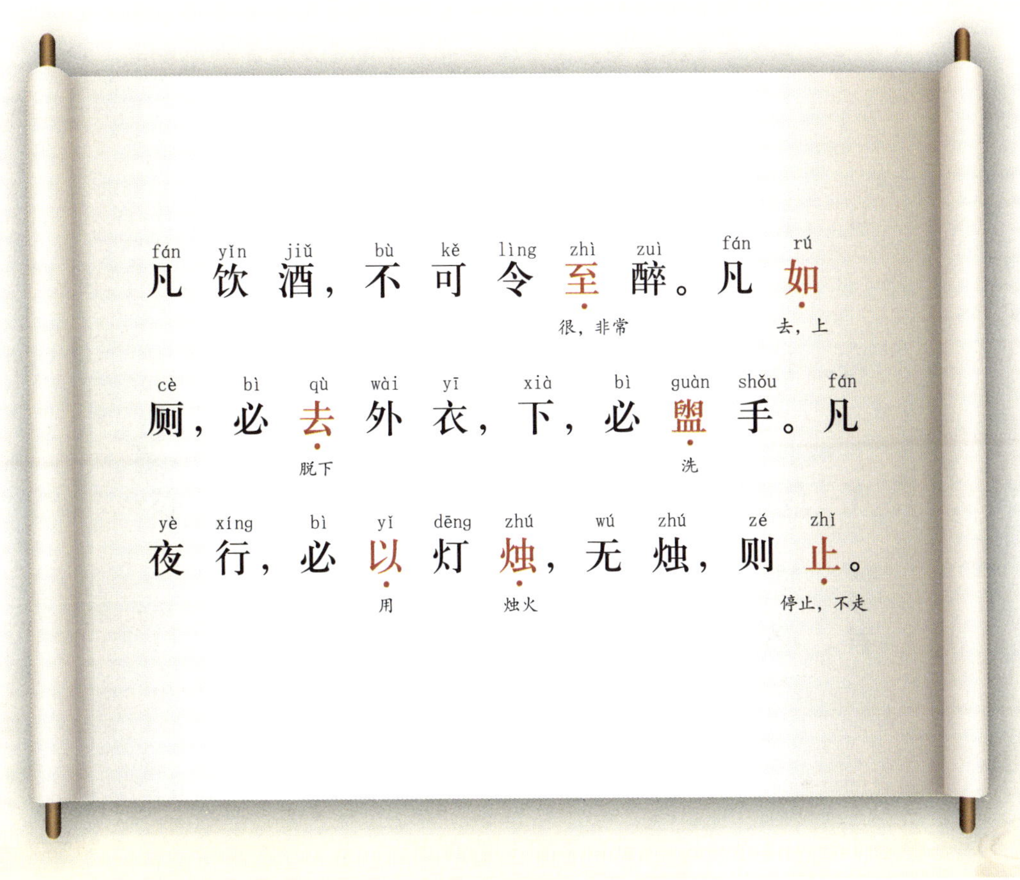

释义

喝酒时，一定不要喝醉。去厕所，一定要先脱去外衣，之后一定要洗手。夜行时，一定要有灯火，没有灯火就不要去。

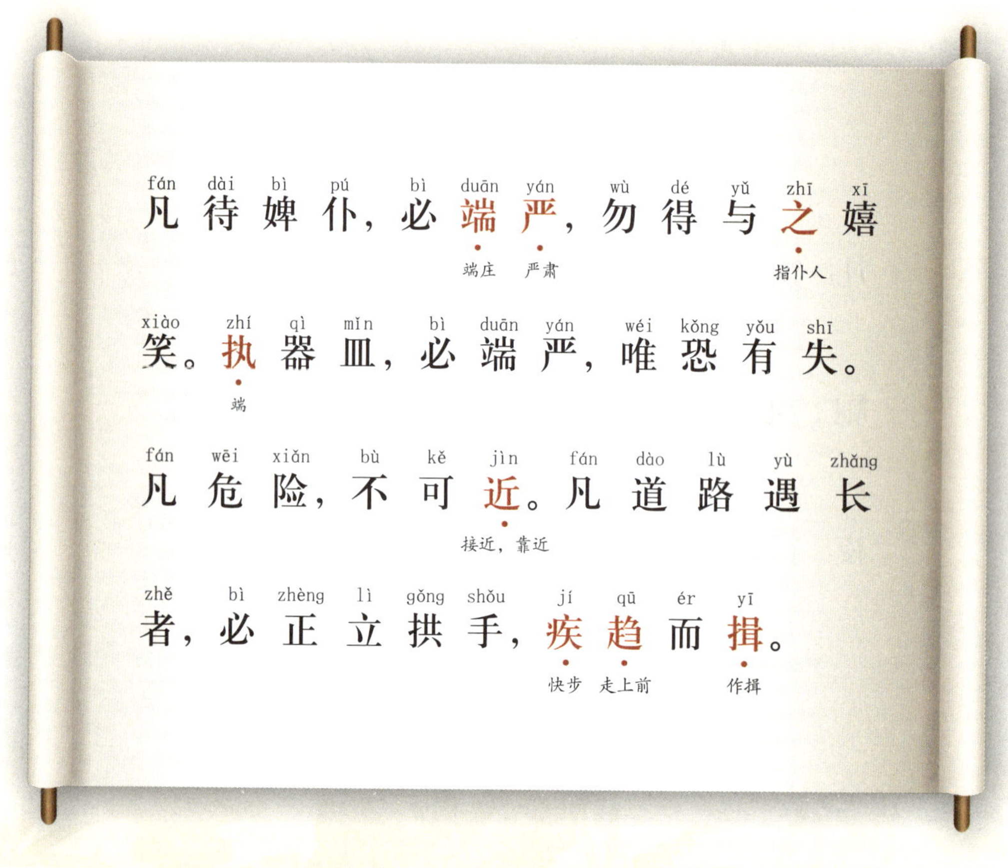

释义

对待婢女、仆人，一定要端庄严肃，不要随意开玩笑。手端器皿，一定要小心端正以免失手。凡是危险的地方，不可靠近。路上遇到长者时，一定要立正拱手，小步快走上前行礼。

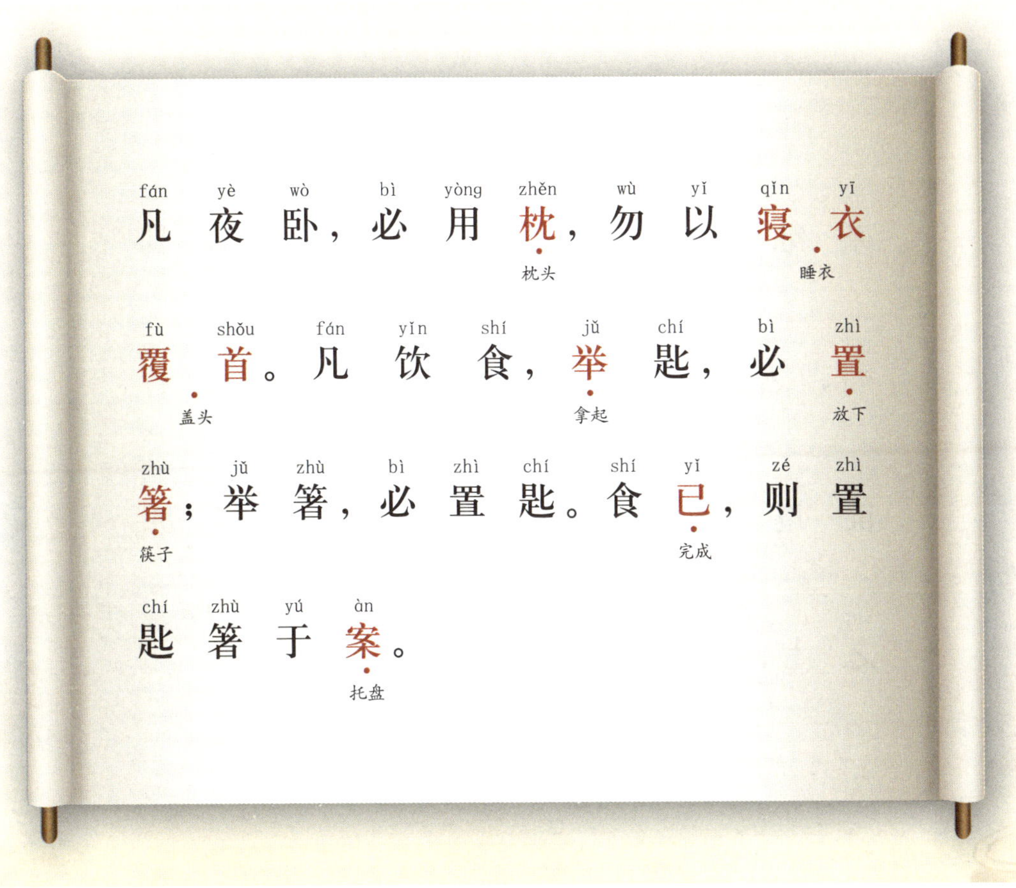

释义

夜晚睡觉时，一定要用枕头，不要用睡衣蒙头。吃饭时，拿起汤匙要放下筷子；拿起筷子时，要放下汤匙。饭后，要把汤匙和筷子放在木托盘里。

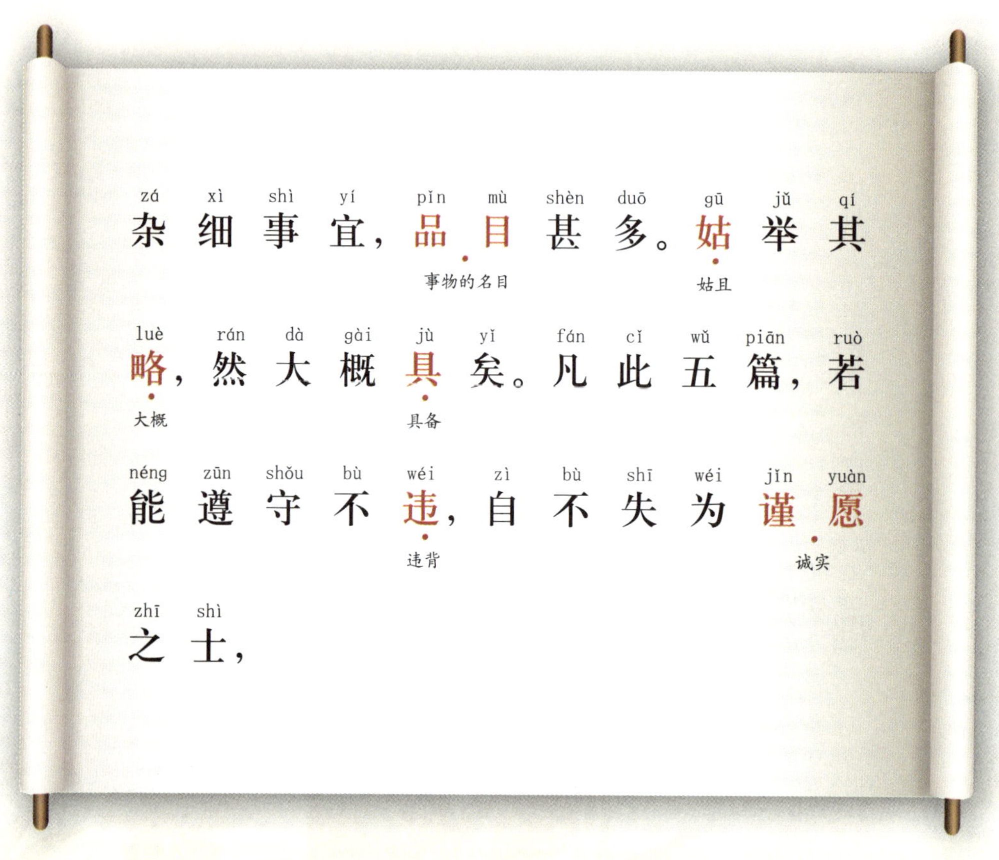

释义

琐碎的事情名目很多，暂且列举这些，大概也比较全面了。以上这五篇，如果能认真遵守、做到，自然不失为诚实之人。

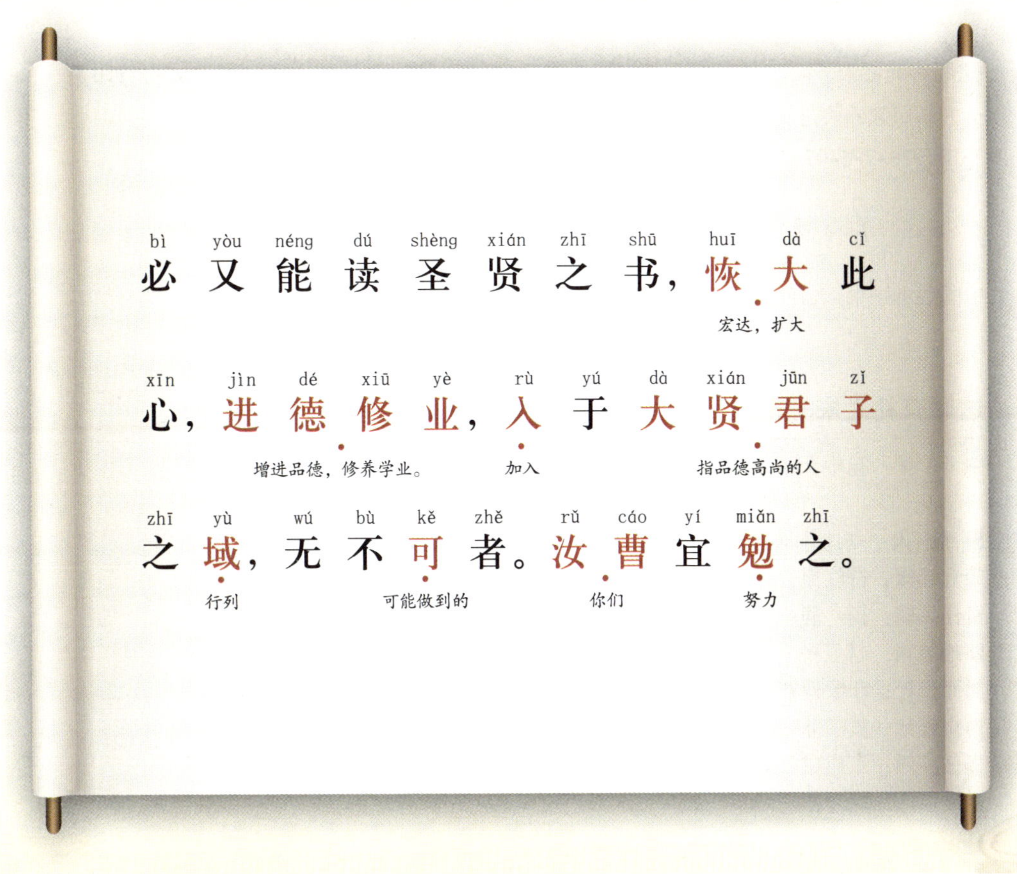

释义

如果又能读圣贤之书，心胸广阔，增进德行，修养学业，要成为品德高尚的君子，也不是不可能的。诸位请勉力践行。

图书在版编目(CIP)数据

这厢有礼之朱子家训 / 杨中介,张海彤 主编. —桂林：漓江出版社, 2015.12（**2019.2重印**）
（大私塾教养阶进丛书）
ISBN 978-7-5407-7196-6

Ⅰ. ①这… Ⅱ. ①杨…②张… Ⅲ. ①古汉语-启蒙读物 Ⅳ. ①H194.1

中国版本图书馆CIP数据核字(2015)第246140号

这厢有礼之朱子家训 ZHEXIANG YOULI ZHI ZHUZI JIAXUN

主　　编：杨中介　张海彤

出 版 人：刘迪才
策划编辑：符红霞
责任编辑：杨　静
助理编辑：赵卫平
封面设计：印象迪赛
内文设计：黄　菲
责任校对：王成成
责任监印：周　萍

出版发行：漓江出版社有限公司
社　　址：广西桂林市南环路22号
邮　　编：541002
发行电话：010-85893190　　0773-2583322
传　　真：010-85890870-814　　0773-2582200
邮购热线：0773-2583322
电子信箱：ljcbs@163.com　　**微信公众号：**lijiangpress

印　　制：水印书香（唐山）印刷有限公司
开　　本：889 mm × 1230 mm　1/16　**印　　张：**10　**字　　数：**50千字
版　　次：2016年1月第1版　**印　　次：**2019年2月第2次印刷
书　　号：ISBN 978-7-5407-7196-6
定　　价：42.00元
